安徽省高等学校“十二五”规划教材配套教学用书

高职高等数学基础（第3版）学习指导与综合训练

汪志锋 主编
宣立新 主审

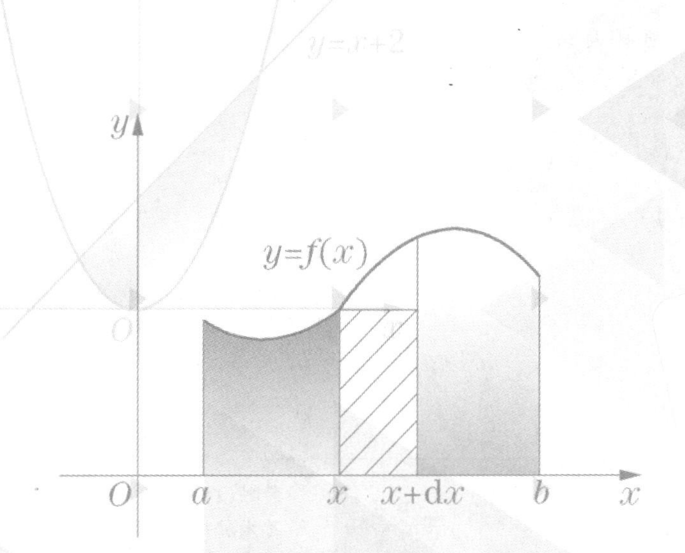

北京师范大学出版集团
BEIJING NORMAL UNIVERSITY PUBLISHING GROUP
安徽大学出版社

图书在版编目(CIP)数据

高职高等数学基础(第3版)学习指导与综合训练/汪志锋主编.
—合肥:安徽大学出版社,2015.6(2023.7重印)

ISBN 978-7-5664-0945-4

Ⅰ.①高… Ⅱ.①汪… Ⅲ.①高等数学-高等职业教育-教学参考资料 Ⅳ.①O13

中国版本图书馆CIP数据核字(2015)第113169号

高职高等数学基础(第3版)学习指导与综合训练 汪志锋 主编

出版发行:北京师范大学出版集团
安 徽 大 学 出 版 社
(安徽省合肥市肥西路3号 邮编230039)
www.bnupg.com
www.ahupress.com.cn
印　　刷:安徽省人民印刷有限公司
经　　销:全国新华书店
开　　本:787 mm×1092 mm 1/16
印　　张:7.75
字　　数:188千字
版　　次:2015年6月第1版
印　　次:2023年7月第8次印刷
定　　价:20.00元
ISBN 978-7-5664-0945-4

策划编辑:李 梅 张明举
责任编辑:张明举
责任校对:程中业
装帧设计:李 军
美术编辑:李 军
责任印制:赵明炎

前　言

《高职高等数学基础》教材于2005年正式出版并经过三轮修改，较好地满足了高职各专业的教学需要，在2008年被批准为省级“十一五”规划教材的基础上，2013年又被立项确定为省级“十二五”规划教材进行重点建设. 为了进一步适应教学改革需要，促进课程标准化建设，教材编写组在认真分析近年来该课程教学建设的基础上，配套编写了这套《高职高等数学基础(第3版)学习指导与综合训练》.

《高职高等数学基础(第3版)学习指导与综合训练》分为上、下两部分. 上部分为学习指导，其内容包括内容小结和解题指导，内容小结以章为单位，提纲挈领，概括主要内容，突出教学重点，帮助学生理清思路，把握课程内容体系；解题指导选择有代表性的范例，分析透彻，解答详尽，注重解题技能指导. 下部分为综合测试题，包括24套试题，涵盖一元函数微积分、线性代数、概率统计、级数等模块内容，可供不同专业学习选用. 测试题力求贯彻高等数学课程教学基本要求，注重学生掌握基础知识，强化基本训练，尽力照顾不同文化基础的学生实际，可以作为课程结束时学生综合训练、自测自检课程学习效果，也可作为课程结束考试试题.

由于编者水平有限，书中难免存在错误和疏漏，恳请老师、学生和广大读者批评指正.

编　者

2015年5月

目　录

上部分　学习指导

下部分　综合训练

第1章　数与函数

内容小结

一、数

1. 数的分类

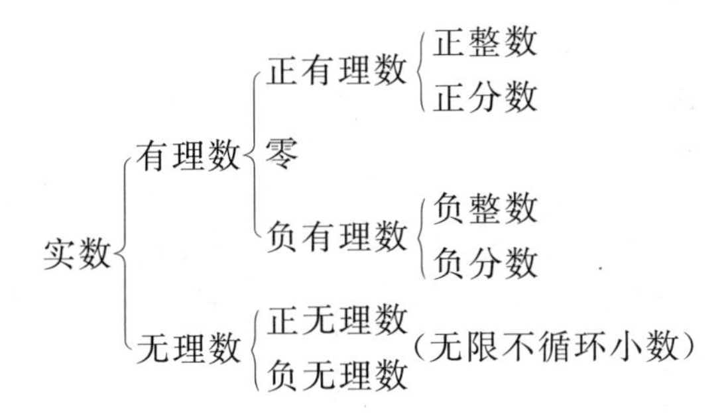

2. 实数的绝对值

$$|x|=\begin{cases} x, & x\geqslant 0, \\ -x, & x<0. \end{cases}$$

3. 区间

(a,b),$[a,b]$,$(a,b]$,$[a,b)$,$(a,+\infty)$,$[a,+\infty)$,$(-\infty,b)$,$(-\infty,b]$,$(-\infty,+\infty)$.

4. 最大公约数与最小公倍数

几个数公有约数中的最大一个叫最大公约数. 几个数公有倍数中的最小一个叫最小公倍数.

5. 流程图

流程图是用一些图框表示的各种操作.

6. 素数

一个数,如果只有1和它本身两个约数,这样的数叫作素数.

二、函数

1. 函数的概念

定义:$y=f(x)$,$x\in D$,D是函数的定义域,x是自变量,f是对应法则,y是因变量.

函数的二要素:定义域D和对应法则.

函数的表示法:表格法、图示法和公式法.

2. 分段函数

要注意分段函数的定义域和函数值的计算.

3. 函数的性质

单调性、奇偶性、有界性、周期性.

三、初等函数

1. 基本初等函数

幂函数、指数函数、对数函数、三角函数、反三角函数等五类. 图像、定义域、值域及基本性质略.

2. 复合函数

设 $y=f(u)$，而 $u=\varphi(x)$，当 x 在某一区间上取值时，相应的 u 值可使 y 有意义，则称 y 是 x 的复合函数，记为 $y=f[\varphi(x)]$.

注意：不是任何两个函数都可以复合成一个复合函数的.

3. 初等函数

由常数和基本初等函数经过有限次的四则运算和有限次的复合运算所构成的并可用一个式子表达的函数，称为初等函数.

四、函数模型及其建立

1. 数学模型的概念（略）

2. 建立数学模型的过程

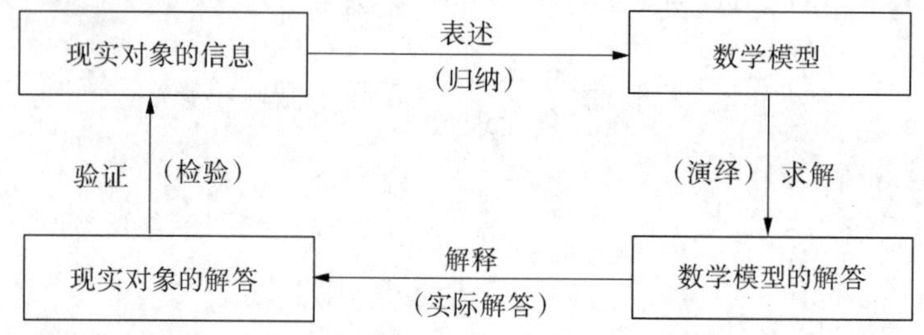

3. 建立数学模型的举例

五、数的进位制

1. 数制

数制是指数的表示及计算方法，进位计数制是一种计数法，最常用的是十进制，计算机科学中还用到二进制、八进制和十六进制等.

2. 数制的三个要点

数码、进位规则和权.

3. 常用数制间的转换方法

(1) 二进制（八进制、十六进制）数转换为十进制数：按权展开，各位相加.

(2) 十进制数转换成二进制（八进制、十六进制）数：

整数，除 2(8,16)取余；

小数，乘 2(8,16)取整.

(3) 二进制数与八进制数之间相互转换.

(4) 二进制与十六进制数之间相互转换.

六、向量与复数的概念

(1) 把既有大小，又有方向的量叫作“向量”，又称“矢量”.

(2) 形如 $z=a+bi$ $(a,b\in\mathbf{R})$的数叫作复数，其中 i 叫作虚数单位. 全体复数所形成的集合 C 叫作复数集.

解题指导

例 1　平面上三个力 F_1、F_2、F_3 作用于一点且处于平衡状态，$|F_1|=1$，$|F_2|=\frac{\sqrt{6}+\sqrt{2}}{2}$，$F_1$、$F_2$ 的夹角为45°，求 F_3 的大小.

分析　由题知，F_1、F_2 合力 F 的大小即为 F_3 的大小，方向与 F 向反. 如图所示.

解　$|F|^2=|F_1|^2+|F_2|^2+2\cos45°|F_1|\cdot|F_2|$

$$=1+\left(\frac{\sqrt{6}+\sqrt{2}}{2}\right)^2+2\times\frac{\sqrt{2}}{2}\times1\times\frac{\sqrt{6}+\sqrt{2}}{2}$$

$$=4+2\sqrt{3}=(\sqrt{3}+1)^2,$$

所以 $|F_3|=|F|=\sqrt{3}+1$.

例 2　设 $f(x)=\pi$，求 $f(x+2)-f(x+1)$.

分析　$f(x)=\pi$ 是一个常函数，x 不管取什么值，函数值都等于 π.

解　$f(x+2)=\pi$，$f(x+1)=\pi$，$f(x+2)-f(x+1)=0$.

例 3　求 $f(x)=\lg\frac{1}{1-x}+\sqrt{x^2+x-2}$的定义域.

分析　此题包含对数和开偶次方根的两个知识点，对数中的真数要大于零，开偶次方根中的被开方数要大于等于零.

解　$\begin{cases}\frac{1}{1-x}>0\\1-x\neq0\\x^2+x-2\geqslant0\end{cases}$　解得　$\begin{cases}x<1\\x\neq1\\x\geqslant1\text{ 或 }x\leqslant-2\end{cases}$

定义域用区间表示为：$(-\infty,-2]$.

例 4　已知二向量 $\boldsymbol{a}$，$\boldsymbol{b}$ 的大小分别为 4 和 3，且 $(2\boldsymbol{a}-3\boldsymbol{b})\cdot(2\boldsymbol{a}+\boldsymbol{b})=61$，求二向量 $\boldsymbol{a}$，$\boldsymbol{b}$ 的夹角.

分析　向量是既有大小又有方向的量，此题用到公式 $\boldsymbol{a}\cdot\boldsymbol{b}=|\boldsymbol{a}|\cdot|\boldsymbol{b}|\cdot\cos\theta$，$\theta$ 为向量 $\boldsymbol{a}$，$\boldsymbol{b}$ 的夹角.

解　$(2\boldsymbol{a}-3\boldsymbol{b})\cdot(2\boldsymbol{a}+\boldsymbol{b})=61$，

$4\boldsymbol{a}^2+2\boldsymbol{a}\cdot\boldsymbol{b}-6\boldsymbol{a}\cdot\boldsymbol{b}-3\boldsymbol{b}^2=61$，

$\boldsymbol{a}\cdot\boldsymbol{b}=-6$，

$\boldsymbol{a}\cdot\boldsymbol{b}=|\boldsymbol{a}|\cdot|\boldsymbol{b}|\cdot\cos\theta$，

$\cos\theta=-\frac{1}{2}$，$\theta=120°$.

例 5　设 $f\left(\frac{1}{x}\right)=\left(\frac{x+1}{x}\right)^2(x\neq0)$，求 $f(x)$.

分析　这是一个变量代换、变形的问题，有助于理解函数概念.

解 $f\left(\frac{1}{x}\right)=\left(\frac{x+1}{x}\right)^2=\left(1+\frac{1}{x}\right)^2$,

令$\frac{1}{x}=t$,有 $f(t)=(1+t)^2$.

即:$f(x)=(1+x)^2=x^2+2x+1$.

例 6 判断函数 $f(x)=\lg(x+\sqrt{x^2+1})$的奇偶性.

分析 奇函数:$f(-x)=-f(x)$,偶函数:$f(-x)=f(x)$.

解 $f(-x)=\lg(-x+\sqrt{(-x)^2+1})=\lg(\sqrt{x^2+1}-x)$

$=\lg\frac{1}{\sqrt{x^2+1}+x}=-\lg(x+\sqrt{x^2+1})=-f(x)$,

所以,$f(x)$为奇函数.

例 7 拟建一个容积为 V 的长方体水池,设它的底面为正方形,已知池壁单位面积造价是池底单位面积造价的 2 倍,试求总造价与底边长的函数关系.

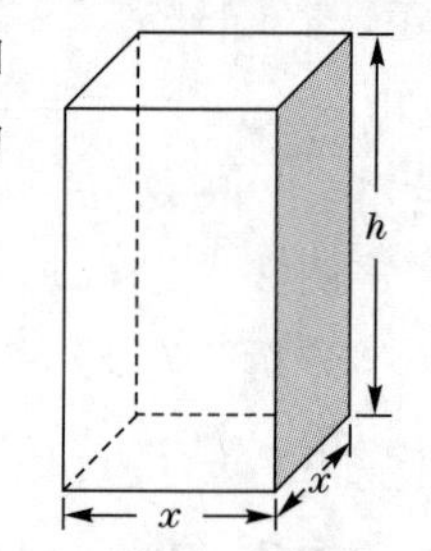

分析 如图,知识点有正方体体积公式、矩形的面积公式等.

解 设底的单位造价为 k,总造价为 y,

$V=hx^2$,

$y=kx^2+2k\cdot 4xh=kx^2+\frac{8kV}{x}$.

例 8 某出租汽车公司规定,2 公里以内(含 2 公里)收费 6 元,超出 2 公里的部分每公里 1.5 元,试列出车费 y 与公里数 x 之间的函数关系式.

分析 这是一个分段函数的问题,所谓分段函数是指 x 在不同的区间内对应的函数关系式也不一样.

解 $y=\begin{cases}6,\ 0<x\leqslant 2,\\ 6+(x-2)\times 1.5,\ x>2.\end{cases}$

第2章　极限初步

内容小结

一、极限的概念

1. 数列的极限

如果当 n 无限增大时，x_n 无限接近于某一个确定的常数 a，则称数列 $\{x_n\}$ 收敛于 a，记作 $\lim\limits_{n\to\infty}x_n=a$.

2. 函数的极限

设函数 $f(x)$在点 x_0 附近有定义（点 x_0 除外），如果当 $x\to x_0$ 时相应的函数值 $f(x)$无限接近于某一个确定的常数 A，则称 A 为 $f(x)$当 $x\to x_0$ 时的极限，记作 $\lim\limits_{x\to x_0}f(x)=A$.

类似地，可以定义 $\lim\limits_{x\to\infty}f(x)$，$\lim\limits_{x\to+\infty}f(x)$，$\lim\limits_{x\to-\infty}f(x)$.

二、极限的运算

1. 四则运算法则

设 $\lim f(x)=A$，$\lim g(x)=B$，则

(1) $\lim[f(x)\pm g(x)]=\lim f(x)\pm\lim g(x)=A\pm B$；

(2) $\lim[f(x)g(x)]=\lim f(x)\lim g(x)=AB$，

$\lim[kf(x)]=k\lim f(x)=kA$ (k 为常数)；

(3) $\lim\dfrac{f(x)}{g(x)}=\dfrac{\lim f(x)}{\lim g(x)}=\dfrac{A}{B}$ $(B\neq0)$.

2. 两个重要极限

(1) $\lim\limits_{x\to0}\dfrac{\sin x}{x}=1$；

(2) $\lim\limits_{x\to\infty}\left(1+\dfrac{1}{x}\right)^x=\mathrm{e}$ 或 $\lim\limits_{x\to0}(1+x)^{\frac{1}{x}}=\mathrm{e}$.

3. 利用初等函数的连续性求极限

若 x_0 是初等函数 $f(x)$定义区间内的一点，则

$$\lim_{x\to x_0}f(x)=f(x_0).$$

4. 利用无穷小的性质求极限

三、无穷小与无穷大

(1) 如果 $\lim\limits_{x\to x_0}f(x)=0$（或 $\lim\limits_{x\to\infty}f(x)=0$），则称 $f(x)$是 $x\to x_0$（或 $x\to\infty$）时的无穷小. 如果 $\lim\limits_{x\to x_0}f(x)=\infty$（或 $\lim\limits_{x\to\infty}f(x)=\infty$），则称 $f(x)$是 $x\to x_0$（或 $x\to\infty$）时的无穷大.

(2) 无穷小的性质.

性质 1 有限个无穷小的代数和仍是无穷小.

性质 2 有界函数与无穷小的乘积仍是无穷小.

性质 3 无穷小的倒数是无穷大(常数零除外).

(3) 常见的等价无穷小.

当 $x \to 0$ 时，$x \sim \sin x$，$x \sim \tan x$，$x \sim \arcsin x$，$x \sim \arctan x$，$x \sim \ln(1+x)$，$x \sim e^x - 1$.

四、函数连续性的概念

1. 定义

设函数 $y=f(x)$ 在点 x_0 处及其附近有定义，如果 $\lim\limits_{x \to x_0} f(x)=f(x_0)$ 或 $\lim\limits_{\Delta x \to 0} \Delta y=0$，则称函数 $y=f(x)$ 在点 x_0 处连续.

2. 函数的间断点

函数不连续的点称为 $f(x)$ 的间断点.

如果有下列三种情况之一，x_0 就为 $f(x)$ 的间断点：

(1) $f(x)$ 在 x_0 附近有定义，但在 x_0 处没有定义；

(2) 极限 $\lim\limits_{x \to x_0} f(x)$ 不存在；

(3) $\lim\limits_{x \to x_0} f(x)$ 存在，但 $\lim\limits_{x \to x_0} f(x) \neq f(x_0)$.

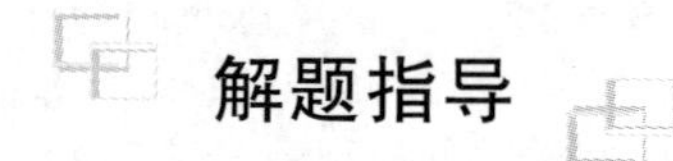

解题指导

例 1 求极限 $\lim\limits_{x \to 2} \dfrac{x^2-3x+2}{x^2-5x+6}$.

分析 因为分式的分母极限为 0，所以不能直接运用法则来求极限. 分式的分子极限也为 0，

而且分式的分子、分母为多项式. 一般先将分式的分子、分母分解因式，约去不为零的公因式 $x-2$.

解 $$\lim_{x \to 2} \frac{x^2-3x+2}{x^2-5x+6}=\lim_{x \to 2} \frac{(x-1)(x-2)}{(x-3)(x-2)}=\lim_{x \to 2} \frac{x-1}{x-3}=-1.$$

例 2 求极限 $\lim\limits_{n \to \infty} \dfrac{1+2+3+\cdots+n}{n^2}$.

分析 因为当 $n \to \infty$ 时，分式分子、分母的极限都不存在，所以不能直接运用法则来求极限. 观察分式的分子 $1+2+3+\cdots+n$ 是一个等差数列的前 n 项的和. 利用等差数列前 n 项的和的公式可得 $1+2+3+\cdots+n=\dfrac{n(n+1)}{2}$.

解

$$\lim_{n \to \infty} \frac{1+2+3+\cdots+n}{n^2}=\lim_{n \to \infty} \frac{n(n+1)}{2n^2}=\lim_{n \to \infty} \frac{n^2+n}{2n^2}=\lim_{n \to \infty} \frac{1+\frac{1}{n}}{2}=\frac{1}{2}.$$

例 3 求极限 $\lim\limits_{x \to 0} \dfrac{\sqrt{1+x^2}-1}{x}$.

分析 分式分母的极限为零，不能直接用法则求极限，分子的极限也为零，是“$\dfrac{0}{0}$”型的

未定式.由于分子是根式,一般可先对分子有理化,约去不为零的因式 $x-0=x$.

解 $\lim\limits_{x\to 0}\dfrac{\sqrt{1+x^2}-1}{x}=\lim\limits_{x\to 0}\dfrac{(\sqrt{1+x^2}-1)(\sqrt{1+x^2}+1)}{x(\sqrt{1+x^2}+1)}$

$$=\lim_{x\to 0}\frac{1+x^2-1}{x(\sqrt{1+x^2}+1)}=\lim_{x\to 0}\frac{x}{\sqrt{1+x^2}+1}=0.$$

例 4 求极限 $\lim\limits_{x\to 0}\dfrac{1-\cos 2x}{x^2}$.

分析 分式分子、分母的极限都为零,是“$\dfrac{0}{0}$”型的未定式.由三角函数倍角公式知 $1-\cos 2x=2\sin^2 x$,可利用重要极限 1 来计算.

解 $\lim\limits_{x\to 0}\dfrac{1-\cos 2x}{x^2}=\lim\limits_{x\to 0}\dfrac{2\sin^2 x}{x^2}=2\lim\limits_{x\to 0}\dfrac{\sin^2 x}{x^2}=2\left(\lim\limits_{x\to 0}\dfrac{\sin x}{x}\right)^2=2.$

例 5 求极限 $\lim\limits_{x\to 0}\dfrac{\ln(1+x)}{x}$.

分析 因为分式的分子、分母的极限都为零,所以不能直接用法则来求极限.由于分子是一个对数式,可以利用对数的运算法则 $\log_a M^n=n\log_a M$ 将其化成重要极限 2 的形式.

解 $\lim\limits_{x\to 0}\dfrac{1}{x}\ln(1+x)=\lim\limits_{x\to 0}\ln(1+x)^{\frac{1}{x}}=\ln\left[\lim\limits_{x\to 0}(1+x)^{\frac{1}{x}}\right]=\ln e=1$

例 6 求极限 $\lim\limits_{x\to\infty}\dfrac{x-\cos x}{x}$.

分析 当 $x\to\infty$ 时,分式分子、分母的极限都不存在,不能直接用商的法则求极限.由于当 $x\to\infty$ 时,$\cos x$ 的极限虽然不存在,但 $\cos x$ 是有界函数,所以利用无穷小的性质可求得.

解 ∵当 $x\to\infty$ 时,$\dfrac{1}{x}$ 是无穷小,而 $|\cos x|\leqslant 1$ 为有界函数,

$$\therefore \lim_{x\to\infty}\frac{x-\cos x}{x}=\lim_{x\to\infty}\left(1-\frac{1}{x}\cos x\right)=1-\lim_{x\to\infty}\frac{1}{x}\cos x=1-0=1.$$

例 7 求极限 $\lim\limits_{x\to 1}\left(\dfrac{1}{1-x}-\dfrac{3}{1-x^3}\right)$.

分析 当 $x\to 1$ 时,函数 $\dfrac{1}{1-x}$ 和 $\dfrac{3}{1-x^3}$ 的极限都不存在,因此不能直接用法则求极限.这时可利用通分运算将极限转化为“$\dfrac{0}{0}$”型的未定式.

解 $\lim\limits_{x\to 1}\left(\dfrac{1}{1-x}-\dfrac{3}{1-x^3}\right)=\lim\limits_{x\to 1}\left(\dfrac{1+x+x^2}{1-x^3}-\dfrac{3}{1-x^3}\right)=\lim\limits_{x\to 1}\left(\dfrac{x^2+x-2}{1-x^3}\right)$

$$=\lim_{x\to 1}\frac{(x-1)(x+2)}{(1-x)(1+x+x^2)}=-\lim_{x\to 1}\frac{x+2}{1+x+x^2}=-1.$$

例 8 已知 a,b 为常数,$\lim\limits_{x\to 2}\dfrac{ax+b}{x-2}=2$,求 a,b 的值.

分析 因为分母的极限为零,而 $\lim\limits_{x\to 2}\dfrac{ax+b}{x-2}=2$ 存在,是“$\dfrac{0}{0}$”型的未定式.所以分子的极限也必须为零,$2a+b=0$,即 $b=-2a$,代入等式可求得

解 ∵ $\lim\limits_{x\to 2}\dfrac{ax+b}{x-2}=2.$ (1)

$\therefore 2a+b=0$，即 $b=-2a$. (2)

代入(1)式可得

$\lim\limits_{x\to 2}\frac{ax-2a}{x-2}=2$，

$a\lim\limits_{x\to 2}\frac{x-2}{x-2}=2$，

$a=2$.

将 $a=2$ 代入(2)式可得 $b=-4$.

例 9 设 $f(x)=\frac{|x|-x}{x}$，求 $\lim\limits_{x\to 0^+}f(x)$ 及 $\lim\limits_{x\to 0^-}f(x)$，并问 $\lim\limits_{x\to 0}f(x)$ 是否存在？

分析 由于 $|x|=\begin{cases}x(x\geqslant 0),\\-x(x<0),\end{cases}$ 所以原函数 $f(x)=\frac{|x|-x}{x}$ 可以化为分段函数 $f(x)=\frac{|x|-x}{x}=\begin{cases}0(x\geqslant 0),\\-2(x<0).\end{cases}$

解

因为 $f(x)=\frac{|x|-x}{x}=\begin{cases}0(x\geqslant 0),\\-2(x<0),\end{cases}$

所以 $\lim\limits_{x\to 0^+}f(x)=\lim\limits_{x\to 0^+}0=0$，$\lim\limits_{x\to 0^-}f(x)=\lim\limits_{x\to 0^-}(-2)=-2$.

又因为 $\lim\limits_{x\to 0^+}f(x)\neq\lim\limits_{x\to 0^-}f(x)$，所以 $\lim\limits_{x\to 0}f(x)$ 不存在.

例 10 在半径为 R 的圆内接正多边形中，当边数改变时，正多边形的面积随之改变，试建立圆内接正多边形的面积 A_n 与其边数 $n(n>3)$ 的函数关系式，并求 $\lim\limits_{n\to\infty}A_n$.

分析 在半径为 R 的圆内接正 n 边形中，正 n 边形的一边 AB 所对的圆心角 $\angle AOB=\frac{2\pi}{n}$，则 $S_{\triangle OAB}=\frac{1}{2}R^2\sin\frac{2\pi}{n}$，像这样的三角形一共有 n 个.

解 设半径为 R 的圆内接正 $n(n>3)$ 边形的一边为 AB，

圆心角 $\angle AOB=\frac{2\pi}{n}$，则 $S_{\triangle OAB}=\frac{1}{2}R^2\sin\frac{2\pi}{n}(n>3)$，

所以正 n 边形的面积 $A_n=\frac{1}{2}nR^2\sin\frac{2\pi}{n}$.

$$\lim_{n\to\infty}A_n=\lim_{n\to\infty}\frac{1}{2}nR^2\sin\frac{2\pi}{n}=\frac{1}{2}R^2\lim_{n\to\infty}n\sin\frac{2\pi}{n}=\frac{1}{2}R^2\lim_{n\to\infty}\frac{\sin\frac{2\pi}{n}}{\frac{1}{n}}=\frac{1}{2}R^2(2\pi)\lim_{n\to\infty}\frac{\sin\frac{2\pi}{n}}{\frac{2\pi}{n}}$$

$$=\pi R^2.$$

此题说明了圆内接正多边形的边数 n 越大时，正多边形的面积 A 就越接近圆的面积，当 $n\to\infty$ 时，A_n 的极限就是圆的面积 πR^2.

第3章　微分学及其应用

内容小结

一、导数的概念和实际意义

1. 函数 $y=f(x)$ 在点 x_0 的导数

$$f'(x_0)=\lim_{\Delta x\to 0}\frac{f(x_0+\Delta x)-f(x_0)}{\Delta x}=\lim_{x\to x_0}\frac{f(x)-f(x_0)}{x-x_0}.$$

2. 函数 $y=f(x)$ 的导函数

$$f'(x)=\lim_{\Delta x\to 0}\frac{f(x+\Delta x)-f(x)}{\Delta x}.$$

3. 函数 $y=f(x)$ 的二阶导数

$$f''(x)=\lim_{\Delta x\to 0}\frac{f'(x+\Delta x)-f'(x)}{\Delta x}.$$

4. 实际意义

几何上，函数 $y=f(x)$ 在点 x_0 处的导数 $f'(x_0)$ 表示曲线 $y=f(x)$ 在点 $(x_0,f(x_0))$ 处切线的斜率，从而 $y=f(x)$ 在点 $(x_0,f(x_0))$ 处的切线方程为 $y-y_0=f'(x_0)(x-x_0)$，法线方程为 $y-y_0=-\frac{1}{f'(x_0)}(x-x_0)$.

力学上，$s'(t_0)$ 表示做变速直线运动的质点在 t_0 时刻的瞬时速度.

经济学上，$C'(x_0)$ 称为产量为 x_0 个单位时的边际成本，它表示产量为 x_0 时，再生产一个单位的产量应增加的成本.

二、导数运算法则

1. 基本初等函数的求导公式

(1) $(C)'=0$；

(2) $(x^\mu)'=\mu x^{\mu-1}$；

(3) $(a^x)'=a^x\ln a\ (a>0,a\neq 1)$；

(4) $(e^x)'=e^x$；

(5) $(\log_a x)'=\frac{1}{x\ln a}\ (a>0,a\neq 1)$；

(6) $(\ln x)'=\frac{1}{x}$；

(7) $(\sin x)'=\cos x$；

(8) $(\cos x)'=-\sin x$；

(9) $(\tan x)'=\sec^2 x$；

(10) $(\cot x)'=-\csc^2 x$；

(11) $(\sec x)'=\tan x\cdot\sec x$；

(12) $(\csc x)'=-\csc x\cdot\cot x$；

(13) $(\arcsin x)'=\frac{1}{\sqrt{1-x^2}}$；

(14) $(\arccos x)'=-\frac{1}{\sqrt{1-x^2}}$；

(15) $(\arctan x)'=\frac{1}{1+x^2}$；

(16) $(\text{arccot}\, x)'=-\frac{1}{1+x^2}$.

2. 导数的四则运算法则

设 $u=u(x)$, $v=v(x)$可导,则

(1) $(u\pm v)'=u'\pm v'$;　　(2) $(uv)'=u'v+uv'$;

(3) $(Cu)'=Cu'$ (C 为常数);　　(4) $\left(\frac{u}{v}\right)'=\frac{u'v-uv'}{v^2}$.

3. 复合函数的求导法则

设 $y=f(u)$, $u=\varphi(x)$可导,则复合函数 $y=f[\varphi(x)]$的导数为

$$\frac{dy}{dx}=\frac{dy}{du}\cdot\frac{du}{dx} \quad 或 \quad y'=f'(u)\varphi'(x).$$

三、微分的概念及简单应用

1. 定义

设函数 $y=f(x)$ 在点 x_0 及其附近有定义,如果函数在点 x_0 的增量可表示为 $\Delta y=A\cdot\Delta x+o(\Delta x)$,则称 $y=f(x)$在点 x_0 处可微,且称 $A\Delta x$ 为$y=f(x)$在点 x_0 的微分,记作$dy=A\cdot\Delta x$.

微分表达式　$dy|_{x=x_0}=f'(x_0)dx$,　$dy=f'(x)dx$.

2. 利用微分作近似计算

$$\Delta y\approx f'(x_0)\Delta x,$$

$$f(x)\approx f(x_0)+f'(x_0)\cdot(x-x_0) \quad (当|\Delta x|很小时).$$

四、函数的单调性

1. 拉格朗日中值定理

设 $f(x)$满足:(1) 在$[a,b]$上连续;(2) 在(a,b)内可导,则在开区间(a,b)内至少有一点 ξ,使 $f'(\xi)=\frac{f(b)-f(a)}{b-a}$ $(a<\xi<b)$成立.

2. 函数单调性的判别

设函数 $f(x)$在$[a,b]$上连续,在(a,b)内可导:

(1) 如果在(a,b)内,$f'(x)>0$,则 $f(x)$在$[a,b]$上单调增加;

(2) 如果在(a,b)内,$f'(x)<0$,则 $f(x)$在$[a,b]$上单调减少.

五、函数的极值

1. 极值的概念

设 $f(x)$在点 x_0 及其附近有定义,且对点 x_0 附近的任一点 x $(x\neq x_0)$,如果恒有 $f(x)<f(x_0)$,则称 $f(x_0)$是 $f(x)$的极大值,x_0 是 $f(x)$的极大值点;如果恒有 $f(x)>f(x_0)$,则称 $f(x_0)$是 $f(x)$的极小值,x_0 是 $f(x)$的极小值点.

2. 极值的必要条件

若 $f(x)$在点 x_0 可导,且在点 x_0 取得极值,则必有 $f'(x_0)=0$.

使 $f'(x)=0$ 的点称为函数 $f(x)$的驻点.驻点不一定是极值点.

3. 函数取得极值的充分条件

设 $f(x)$在点 x_0 连续,在点 x_0 附近可导,$f'(x_0)=0$(或 $f'(x_0)$不存在).

(1) 如果对于 x_0 的左侧邻近任意的点 x,$f'(x)>0$,而对于 x_0 的右侧邻近任意的点 x,$f(x)<0$,则 $f(x)$在点 x_0 取得极大值 $f(x_0)$;

(2) 如果对于 x_0 的左侧邻近任意的点 x，$f'(x)<0$，而对于 x_0 的右侧邻近任意的点 x，$f(x)>0$，则 $f(x)$ 在点 x_0 取得极小值 $f(x_0)$；

(3) 如果对于 x_0 左、右两侧邻近的任意点 x，$f'(x)$ 同号，则 $f(x)$ 在点 x_0 不能取得极值.

六、极值的应用——最大最小值问题

(1) 根据实际问题给出的条件，列出目标函数；

(2) 计算目标函数的一阶导数和驻点；

(3) 若驻点是唯一的，根据实际问题的意义，直接判断函数在驻点处取得最大值或最小值.

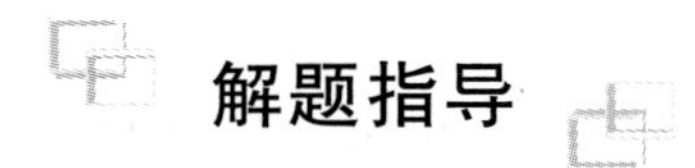

解题指导

例 1 设 $y=e^{\sin x}$，求 dy.

分析 可利用公式 $dy=f'(x)dx$，求导时注意 $y=e^{\sin x}$ 是复合函数.

解 因为 $y'=(e^{\sin x})'=e^{\sin x}(\sin x)'=e^{\sin x}\cos x$，

所以 $dy=e^{\sin x}\cos x dx$.

例 2 求函数 $y=\sin\sqrt{x}$ 的导数.

分析 函数 $y=\sin\sqrt{x}$ 可看作由函数 $y=\sin u$ 与 $u=\sqrt{x}$ 复合而成的，由复合函数的求导法则 $\frac{dy}{dx}=\frac{dy}{du}\cdot\frac{du}{dx}$ 即可求得.

解 函数 $y=\sin\sqrt{x}$ 可看作由函数 $y=\sin u$ 与 $u=\sqrt{x}$ 复合而成的

$$y'=(\sin u)'(\sqrt{x})'=\cos u\frac{1}{2\sqrt{x}}=\frac{\cos\sqrt{x}}{2\sqrt{x}}.$$

例 3 抛物线 $y=x^2$ 在点(1,1)处的切线方程和法线方程.

分析 导数的几何意义就是曲线在点(1,1)处切线的斜率，由点斜式方程即可求得.

解 因为 $y'=(x^2)'=2x$，

所以抛物线 $y=x^2$ 在点(1,1)处

$$k_{切线}=y'|_{x=1}=2x|_{x=1}=2,$$

所求的切线方程为

$$y-1=2(x-1),$$

即

$$y=2x-1.$$

法线方程为

$$y-1=-\frac{1}{2}(x-1),$$

即 $y=-\frac{1}{2}x+\frac{3}{2}$.

例 4 设 $y=x^x(x>0)$，求 y'.

分析 函数 $y=x^x(x>0)$ 是幂指函数，不能直接用求导公式来求. 可利用对数恒等式将 $y=x^x(x>0)$ 化成复合函数，再利用复合函数的求导法可求.

解 因为 $y=x^x=e^{\ln x^x}=e^{x\ln x}$,

所以 $y'=(e^{x\ln x})'=e^{x\ln x}(x\ln x)'=e^{x\ln x}(\ln x+1)=x^x(1+\ln x)$.

例 5 求指数函数 $y=a^x(a>0$ 且 $a\neq1)$ 的 n 阶导数.

分析 求函数的 n 阶导数是一阶一阶的求,然后根据所得导数的规律,归纳出 n 阶导数.

解 $y'=a^x\ln a$,

$y''=a^x\ln^2 a$,

$y'''=a^x\ln^3 a$

……

$y^{(n)}=a^x\ln^n a$.

例 6 设生产 Q 单位某产品的总成本函数 $C(Q)=1100+\frac{1}{1000}Q^2$,求生产 1200 单位产品时的边际成本.

分析 总成本函数 $C(Q)$ 的导数 $C'(Q)$,称为产量为 Q 个单位产品时的边际成本,它表示产量为 Q 时,再生产一个单位的产品大约增加的成本.

解 因为 $C(Q)=1100+\frac{1}{1000}Q^2$,

所以 $C'(Q)=(1100+\frac{1}{1000}Q^2)'$, $C'(Q)=\frac{1}{500}Q$,

当 $Q=1200$ 时,边际成本 $C'(1200)=\frac{1200}{500}=2.4$.

例 7 已知函数 $f(x)=x^3+ax^2+bx$(a、b 为常数),在 $x=1$ 处有极值 -12,试确定常系数 a、b 的值.

分析 对于可导函数 $f(x)=x^3+ax^2+bx$,在 $x=1$ 处有极值,即表示在 $x=1$ 处的导数为零,而且极值点 $(1,-12)$ 必在函数图像上.

解 因为 $f(x)=x^3+ax^2+bx$,所以 $f'(x)=3x^2+2ax+b$,

当 $x=1$ 处有极值 -12,即 $f'(1)=0$,所以

$$3+2a+b=0. \tag{1}$$

由 $f(1)=-12$,得

$$1+a+b=-12 \tag{2}$$

联立(1)、(2)解得

$$a=10,\ b=-23.$$

例 8 设 $f(x)=(x-a)\varphi(x)$,其中 $\varphi(x)$ 在 $x=a$ 处连续,求 $f'(a)$.

分析 由于 $f'(x)=(x-a)'\varphi(x)+(x-a)\varphi'(x)=\varphi(x)+(x-a)\varphi'(x)$,但不能确定 $\varphi(x)$ 在 $x=a$ 处是否可导,即 $\varphi'(a)$ 不一定存在.所以不能直接用求导法则来求,可以考虑利用导数的定义 $f'(x_0)=\lim\limits_{x\to x_0}\frac{f(x)-f(x_0)}{x-x_0}$ 来求.

解 由导数定义知

$$f'(a)=\lim_{x\to a}\frac{f(x)-f(a)}{x-a}=\lim_{x\to a}\frac{(x-a)\varphi(x)-0}{x-a}=\lim_{x\to a}\varphi(x).$$

因为 $\varphi(x)$ 在 $x=a$ 处连续，所以 $f'(a)=\lim\limits_{x\to a}\varphi(x)=\varphi(a)$.

例 9 求函数 $f(x)=x^3-6x^2+9x$ 的极值.

分析 求极值的题目一般可利用第一充分条件来求，但需要列表，使得解题步骤比较多.有时也可利用第二充分条件来求.

解 函数 $f(x)=x^3-6x^2+9x$ 的定义域为 $(-\infty,+\infty)$.

因为 $f'(x)=3x^2-12x+9$，$f''(x)=6x-12$，

令 $f'(x)=3x^2-12x+9=3(x-1)(x-3)=0$，

得驻点 $x=1$，$x=3$.

又因为 $f''(1)=-6<0$，所以 $f(1)=4$ 为极大值，

$f''(3)=6>0$，所以 $f(3)=0$ 为极小值.

例 10 设某公司生产 Q 单位产品的成本函数为 $C(Q)=5Q+200$，收入函数为 $R(Q)=10Q-0.01Q^2$，问每批产品的产量为多少时，才能使利润最大?

分析 利润函数 $L(Q)=R(Q)-C(Q)$，利用一阶导数求出驻点 Q 即可得最大利润.

解 因为利润函数

$$L(Q)=R(Q)-C(Q)=10Q-0.01Q^2-(5Q+200)=-0.01Q^2+5Q-200,$$

所以 $L'(Q)=-0.02Q+5$.

令 $L'(Q)=-0.02Q+5=0$，

得 $Q=250$，$L(250)=325$.

所以当产量 $Q=250$ 时，利润最大，最大利润 $L(250)=325$.

第4章 不定积分

内容小结

一、不定积分的概念与性质

1. 原函数与不定积分概念

设 $f(x)$是定义在区间 I 上的已知函数，如果存在函数 $F(x)$，使得 $F'(x)=f(x)$或 $\mathrm{d}F(x)=f(x)\mathrm{d}x$，则称 $F(x)$是 $f(x)$在 I 上的一个原函数. 函数$f(x)$的全体原函数 $F(x)+C$，称为 $f(x)$的不定积分，记作$\int f(x)\mathrm{d}x=F(x)+C$. 显然有

$$F'(x)=f(x) \Leftrightarrow \int f(x)\mathrm{d}x=F(x)+C.$$

由不定积分的概念得

$$\left[\int f(x)\mathrm{d}x\right]'=f(x) \quad 或 \quad \mathrm{d}\int f(x)\mathrm{d}x=f(x)\mathrm{d}x;$$

$$\int F'(x)\mathrm{d}x=F(x)+C \quad 或 \quad \int \mathrm{d}F(x)=F(x)+C.$$

2. 不定积分的性质

(1) $\int kf(x)\mathrm{d}x=k\int f(x)\mathrm{d}x$ （k 为常数且 $k\neq 0$）；

(2) $\int [f(x)\pm g(x)]\mathrm{d}x=\int f(x)\mathrm{d}x\pm\int g(x)\mathrm{d}x$.

二、基本积分公式

(1) $\int k\mathrm{d}x=kx+C$ （k 为常数）；

(2) $\int x^{\mu}\mathrm{d}x=\frac{1}{\mu+1}x^{\mu+1}+C$ （$\mu\neq -1$）；

(3) $\int \frac{1}{x}\mathrm{d}x=\ln|x|+C$；

(4) $\int a^{x}\mathrm{d}x=\frac{a^{x}}{\ln a}+C$，$\int \mathrm{e}^{x}\mathrm{d}x=\mathrm{e}^{x}+C$；

(5) $\int \sin x\mathrm{d}x=-\cos x+C$；

(6) $\int \cos x\mathrm{d}x=\sin x+C$；

(7) $\int \sec^{2}x\mathrm{d}x=\int \frac{1}{\cos^{2}x}\mathrm{d}x=\tan x+C$；

(8) $\int \csc^{2}x\mathrm{d}x=\int \frac{1}{\sin^{2}x}\mathrm{d}x=-\cot x+C$；

(9) $\int \sec x\tan x\mathrm{d}x=\sec x+C$；

(10) $\int \csc x\cot x\mathrm{d}x=-\csc x+C$；

(11) $\int \frac{1}{\sqrt{1-x^{2}}}\mathrm{d}x=\arcsin x+C$；

(12) $\int \frac{1}{1+x^{2}}\mathrm{d}x=\arctan x+C$；

(13) $\int \tan x\mathrm{d}x=-\ln|\cos x|+C$；

(14) $\int \cot x\mathrm{d}x=\ln|\sin x|+C$.

三、常用的积分方法

1. 直接积分方法

利用基本积分公式和不定积分的性质，直接积分的方法.

2. 第一类换元积分法（凑微分法）

$$\int f[\varphi(x)]\cdot\varphi'(x)\mathrm{d}x \xlongequal[\text{凑微分}]{\varphi'(x)\mathrm{d}x=\mathrm{d}\varphi(x)} \int f[\varphi(x)]\mathrm{d}\varphi(x)$$

$$\xlongequal[\text{换元}]{\text{令 }\varphi(x)=u} \int f(u)\mathrm{d}u$$

$$\xlongequal[\text{积分}]{} F(u)+C$$

$$\xlongequal[\text{还原}]{u=\varphi(x)} F[\varphi(x)]+C.$$

3. 第二类换元积分法

$$\int f(x)\mathrm{d}x \xlongequal[\text{换元}]{\text{令 }x=\varphi(t)} \int f[\varphi(t)]\mathrm{d}[\varphi(t)]$$

$$=\int f[\varphi(t)]\varphi'(t)\mathrm{d}t$$

$$\xlongequal[\text{积分}]{} F(t)+C$$

$$\xlongequal[\text{还原}]{t=\varphi^{-1}(x)} F[\varphi^{-1}(x)]+C.$$

4. 分部积分法

$$\int u\mathrm{d}v=uv-\int v\mathrm{d}u.$$

四、利用不定积分求解一阶微分方程

1. 微分方程的基本概念

微分方程，阶，解，通解，特解，初始条件.

2. 可分离变量方程

$$\frac{\mathrm{d}y}{\mathrm{d}x}=f(x)g(y),$$

$$\int\frac{1}{g(y)}\mathrm{d}y=\int f(x)\mathrm{d}x.$$

3. 一阶非齐次线性微分方程

$$y'+P(x)y=Q(x).$$

通解为

$$y=\left[\int Q(x)\mathrm{e}^{\int P(x)\mathrm{d}x}\,\mathrm{d}x+C\right]\mathrm{e}^{-\int P(x)\mathrm{d}x}.$$

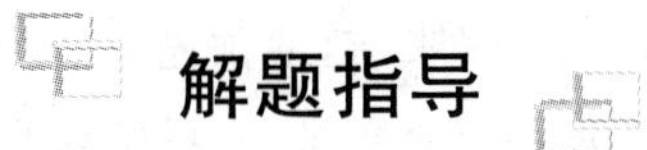

解题指导

例 1 已知一条曲线上任一点处的切线斜率与该点的横坐标相等，又知曲线经过点(1,3)，求此曲线的方程.

分析 导数 $f'(x)$的几何意义是指曲线 $f(x)$上点(x,y)处的切线斜率，据此可写出曲线的一般方程.

解 由 $f'(x)=x$，得 $f(x)=\int x\mathrm{d}x=\dfrac{x^2}{2}+C$.

将 $f(x)\big|_{x=1}=3$ 代入，则有 $3=\dfrac{1}{2}+C$，得 $C=\dfrac{5}{2}$，故所求曲线方程为

$$f(x)=\frac{x^2}{2}+\frac{5}{2}.$$

例 2 求 $\int x^2\sqrt{x}\mathrm{d}x$.

分析 将被积函数整理成幂函数后，直接套公式.

解
$$\int x^2\sqrt{x}\mathrm{d}x=\int x^2\cdot x^{\frac{1}{2}}\mathrm{d}x=\int x^{\frac{5}{2}}\mathrm{d}x=\frac{x^{\frac{5}{2}+1}}{\frac{5}{2}+1}+C=\frac{2}{7}x^{\frac{7}{2}}+C.$$

例 3 求 $\int\dfrac{\sqrt{1+x^2}}{\sqrt{1-x^4}}\mathrm{d}x$.

分析 将被积函数分母中的被开方式作因式分解后，结果就明朗了.

解
$$\int\frac{\sqrt{1+x^2}}{\sqrt{1-x^4}}\mathrm{d}x=\int\frac{\sqrt{1+x^2}}{\sqrt{(1+x^2)(1-x^2)}}\mathrm{d}x=\int\frac{1}{\sqrt{1-x^2}}\mathrm{d}x=\arcsin x+C.$$

例 4 求 $\int xf''(x)\mathrm{d}x$.

分析 由定义：$(f'(x))'=f''(x)$，再利用分部积分即可.

解
$$\int xf''(x)\mathrm{d}x=\int x(f'(x))'\mathrm{d}x=\int x\mathrm{d}f'(x)=xf'(x)-\int f'(x)\mathrm{d}x$$
$$=xf'(x)-f(x)+C.$$

例 5 设 $f'(\sin^2x)=\cos^2x$，求 $f(x)$.

分析 应先计算出 $f'(t)$，再利用不定积分的定义，求得 $f(t)$.

解 令 $t=\sin^2x$，于是 $f'(t)=f'(\sin^2x)=\cos^2x=1-\sin^2x=1-t$.

从而 $f(t)=\int(1-t)\mathrm{d}t=t-\dfrac{t^2}{2}+C$，即 $f(x)=x-\dfrac{x^2}{2}+C$.

例 6 求 $\int\arctan\sqrt{x}\mathrm{d}x$.

分析 此题可尝试如下解法：首先直接积分，不可能；其次分部积分，失效；再次第一类换元积分，无望；最后仅剩第二类换元积分或其综合. 第二类换元积分的特点是“简单的变量复杂化”，也就是说，要把老积分变量恰当地膨胀成一个函数，而引入新积分变量，通常情况是：看似积分复杂了，实则运算简单了. 膨胀前，要预先有所观察，一般的做法是：将被积函数中令你“讨厌”的部分整体化，视其为新积分变量，再反解求得膨胀函数. 但“讨厌”有度，要恰到好处，这里经验比较重要；否则会没有结果. 另外膨胀的函数要满足 3 个条件：单调、可导及导数不为零.

解 令 $\sqrt{x}=t$，则 $x=t^2(t>0)$，$\mathrm{d}x=2t\mathrm{d}t$；于是

$$\begin{aligned}\int \arctan\sqrt{x}\mathrm{d}x &= \int \arctan t\times 2t\mathrm{d}t = \int \arctan t\mathrm{d}(t^2) = t^2\arctan t - \int t^2\mathrm{d}\arctan t \\ &= t^2\arctan t - \int \frac{t^2}{1+t^2}\mathrm{d}t = t^2\arctan t - \int \frac{(1+t^2)-1}{1+t^2}\mathrm{d}t \\ &= t^2\arctan t - \int(1-\frac{1}{1+t^2})\mathrm{d}t = t^2\arctan t - t + \arctan t + C \\ &= (t^2+1)\arctan t - t + C = (x+1)\arctan\sqrt{x} - \sqrt{x} + C.\end{aligned}$$

例 7 求 $\int \sec x\mathrm{d}x$.

分析 教材中的此道例题，做法超技巧. 这里提供一个比较自然的解法，当然也还要综合众多小技巧，例如转化所有三角函数到正余弦，等等.

解

$$\begin{aligned}\int \sec x\mathrm{d}x &= \int \frac{1}{\cos x}\mathrm{d}x = \int \frac{\cos x}{\cos^2 x}\mathrm{d}x = \int \frac{1}{1-\sin^2 x}\mathrm{d}\sin x \\ &= \int \frac{1}{(1+\sin x)(1-\sin x)}\mathrm{d}\sin x = \frac{1}{2}\int\left(\frac{1}{1+\sin x}+\frac{1}{1-\sin x}\right)\mathrm{d}\sin x \\ &= \frac{1}{2}\left(\int \frac{1}{1+\sin x}\mathrm{d}\sin x + \int \frac{1}{1-\sin x}\mathrm{d}\sin x\right) \\ &= \frac{1}{2}\left(\int \frac{1}{1+\sin x}\mathrm{d}(1+\sin x) - \int \frac{1}{1-\sin x}\mathrm{d}(1-\sin x)\right) \\ &= \frac{1}{2}(\ln(1+\sin x)-\ln(1-\sin x)) + C = \frac{1}{2}\ln\frac{1+\sin x}{1-\sin x} + C \\ &= \frac{1}{2}\ln\frac{(1+\sin x)^2}{(1-\sin x)(1+\sin x)} + C = \frac{1}{2}\ln\frac{(1+\sin x)^2}{1-\sin^2 x} + C \\ &= \frac{1}{2}\ln\frac{(1+\sin x)^2}{\cos^2 x} + C = \frac{1}{2}\ln\left(\frac{1+\sin x}{\cos x}\right)^2 + C = \ln\left|\frac{1+\sin x}{\cos x}\right| + C \\ &= \ln\left|\frac{1}{\cos x}+\frac{\sin x}{\cos x}\right| + C = \ln|\sec x + \tan x| + C.\end{aligned}$$

例 8 已知 $f'(\ln x)=\begin{cases}1, 0<x\leqslant 1,\\ x, x>1,\end{cases}$ 且 $f(0)=0$，求 $f(x)$.

分析 先将 $f'(\ln x)$ 转化成 $f'(t)$，接下来利用不定积分的定义，最后涉及可导与连续的关系即可.

解 当 $0<x\leqslant 1$ 时，有 $\ln x\leqslant \ln 1=0$；当 $x>1$ 时，有 $\ln x>\ln 1=0$.

若令 $\ln x=t$，则有 $x=\mathrm{e}^t$，于是

$$f'(t)=\begin{cases}1, t\leqslant 0,\\ \mathrm{e}^t, t>0,\end{cases}$$

从而 $f(t)=\begin{cases}\int \mathrm{d}t, t\leqslant 0,\\ \int \mathrm{e}^t, t>0,\end{cases}$ 即 $f(t)=\begin{cases}t+C_1, t\leqslant 0,\\ \mathrm{e}^t+C_2, t>0,\end{cases}$ 因此 $f(0)=c_1$，由条件 $f(0)=0$，得 $c_1=0$，也就是

$$f(t)=\begin{cases}t, t\leqslant 0,\\ \mathrm{e}^t+C_2, t>0,\end{cases}$$

又 $f'(0)$存在，知 $f(t)$在 $t=0$ 处连续，那么 $\lim\limits_{t\to 0^+} f(t)=f(0)$，即$\lim\limits_{t\to 0}(e^t+C_2)=0$，$1+C_2=0$，得 $c_2=-1$，故

$$f(t)=\begin{cases} t, t\leqslant 0, \\ e^t-1, t>0. \end{cases}$$

也即

$$f(x)=\begin{cases} x, x\leqslant 0, \\ e^x-1, x>0. \end{cases}$$

例 9 放射性物质衰变的速度$\frac{dm}{dt}$正比于该物质的质量 m，即

$$\frac{dm}{dt}=-\lambda m,$$

其中 λ 为衰变系数，负号表示质量衰减，求半衰期 T.

分析 这是一个著名的微分方程，属于可分离变量方程的类型. 首先应求出它的通解；其次将初始条件 $m|_{t=0}=m_0$（即放射性物质的初始质量）代入，得到特解；最后利用半衰期 T 的定义：放射性元素的物质减到初始质量的一半所花费的时间 T 称为该元素的“半衰期”，将 T 代入特解，可得半衰期 T 的值.

解 因为$\frac{dm}{dt}=-\lambda m$，所以$\frac{dm}{m}=-\lambda dt$，从而$\int\frac{dm}{m}=\int -\lambda dt$，于是 $\ln m=-\lambda t+\ln c$

故 $m=e^{-\lambda t+\ln c}$，即 $m=ce^{-\lambda t}$，此即为通解；

将初始条件 $m|_{t=0}=m_0$ 代入，有 $c=m_0$，得特解 $m=m_0 e^{-\lambda t}$；

进一步代入 $m|_{t=T}=\frac{m_0}{2}$，可得$\frac{m_0}{2}=m_0 e^{-\lambda T}$，也就是 $T=\frac{\ln 2}{\lambda}$.

例 10 某水塘原有 50000 吨清水（不含有害杂质），从时刻 $t=0$ 开始，含有有害杂质 5%的浊水流入该水塘，流入的速度为 2 吨/分钟，在塘中充分混合（不考虑沉淀）后，又以 2 吨/分钟的速度流出水塘，问经过多长时间后有害杂质的浓度达到 4%？

分析 有害杂质的浓度变化，归根结底是有害杂质的量的变化，此题可归结到：问经过多长时间后有害杂质的量达到 50000×4%=2000 吨？从而可回归到教材中的做法.

解 设 t 时刻水塘中含有的有害杂质的量为 x 吨，则水塘中含有的有害杂质的量的变化率为

$$\frac{dx}{dt}=\text{有害杂质流入水塘的速度}-\text{有害杂质流出水塘的速度}$$

$$=2\times 5\%-\frac{x}{50000}\times 2=\frac{1}{10}-\frac{1}{25000}x,$$

整理，得

$$\frac{dx}{dt}+\frac{1}{25000}x=\frac{1}{10}.$$

由公式法求得通解

$$x = e^{-\int\frac{1}{25000}dt}(\int \frac{1}{10}e^{\int\frac{1}{25000}dt}dt + C) = e^{-\frac{1}{25000}t}\left(\int \frac{1}{10}e^{\frac{1}{25000}t}dt + C\right)$$

$$= e^{-\frac{1}{25000}t}\left[25000 \times \frac{1}{10}\int e^{\frac{1}{25000}t}d\left(\frac{1}{25000}t\right) + C\right] = e^{-\frac{1}{25000}t}\left(2500e^{\frac{1}{25000}t} + C\right)$$

$$= 2500 + Ce^{-\frac{1}{25000}t},$$

将 $x|_{t=0}=0$ 代入,得 $c=-2500$.

因此特解

$$x = 2500 - 2500e^{-\frac{1}{25000}t},$$

又池塘有害杂质的浓度 4%,即池塘有害杂质的量为 $50000\times4\%=2000$(吨)

于是由

$$2000 = 2500 - 2500e^{-\frac{1}{25000}t},$$

解得 $t=25000\ln5\approx40000$(分钟)≈28(天).

故大约经过 28 天后池塘有害杂质的浓度达到 4%.

第5章 定积分及其应用

内容小结

一、定积分的概念

$$\int_a^b f(x)\mathrm{d}x=\lim_{\lambda\to 0}\sum_{i=1}^{n} f(\xi_i)\Delta x_i.$$

其几何意义:表示介于区间$[a,b]$上平面图形面积的代数和.

二、定积分的性质

定积分的性质1～8在理论上以及在定积分计算中都具有重要作用,应注意掌握.

$\int_a^a f(x)\mathrm{d}x=0$;　$\int_a^b f(x)\mathrm{d}x=-\int_b^a f(x)\mathrm{d}x$;

$\int_a^b f(x)\mathrm{d}x=\int_a^c f(x)\mathrm{d}x+\int_c^b f(x)\mathrm{d}x$.

三、牛顿—莱布尼兹公式

$$\int_a^b f(x)\mathrm{d}x=F(x)\Big|_a^b=F(b)-F(a),$$

其中$f(x)$在$[a,b]$上连续,且$F(x)$是$f(x)$的一个原函数.

四、定积分的计算

1. 换元积分法

$$\int_a^b f(x)\mathrm{d}x\overset{x=\varphi(t)}{=\!=\!=\!=}\int_\alpha^\beta f[\varphi(t)]\varphi'(t)\mathrm{d}t.$$

2. 分部积分法

$$\int_a^b u\mathrm{d}v=uv\Big|_a^b-\int_a^b v\mathrm{d}u.$$

3. 常用公式

$$\int_{-a}^{a} f(x)\mathrm{d}x=\begin{cases}2\int_0^a f(x)\mathrm{d}x, & \text{当 } f(x) \text{ 为偶函数时},\\ 0, & \text{当 } f(x) \text{ 为奇函数时}.\end{cases}$$

五、无穷区间上的广义积分

设$F(x)$是$f(x)$的一个原函数,则$\int_a^x f(t)\mathrm{d}t=F(x)-F(a)$.记

$$F(+\infty)=\lim_{x\to+\infty}F(x),\quad F(-\infty)=\lim_{x\to-\infty}F(x),$$

则

$$\int_a^{+\infty} f(x)\mathrm{d}x=F(x)\Big|_a^{+\infty}=F(+\infty)-F(a);$$

$$\int_{-\infty}^{b} f(x)\mathrm{d}x=F(x)\Big|_{-\infty}^{b}=F(b)-F(-\infty);$$

$$\int_{-\infty}^{+\infty} f(x)\mathrm{d}x=F(x)\Big|_{-\infty}^{+\infty}=F(+\infty)-F(-\infty).$$

六、微元法

(1)"选变量"　选取某个变量 x 为积分变量，并确定 x 的变化范围 $[a,b]$，即为积分区间.

(2)"求微元"　设想把区间 $[a,b]$ 分成 n 个小区间，其中任意一个小区间 $[x,x+\mathrm{d}x]$ 表示，小区间长度 $\Delta x=\mathrm{d}x$，所求量 A 对应于小区间 $[x,x+\mathrm{d}x]$ 的部分量记作 ΔA，在 $[x,x+\mathrm{d}x]$ 取 $\xi=x$，显然有 $\Delta A\approx f(x)\cdot\mathrm{d}x$. 记 $\mathrm{d}A=f(x)\mathrm{d}x$，称为 A 的微元.

(3)"列积分"　以量 A 的微元 $\mathrm{d}A=f(x)\mathrm{d}x$ 为被积表达式，在 $[a,b]$ 上积分，便得所求量 A，即 $A=\int_a^b f(x)\mathrm{d}x$.

七、定积分在几何上的应用

1. 求平面图形的面积

若平面图形由 $y=f(x)$ $(f(x)\geqslant 0)$ 及 $x=a,x=b$ $(a<b)$ 与 x 轴围成，则其面积为

$$A=\int_a^b f(x)\mathrm{d}x.$$

若平面图形由 $x=\psi(y)$ $(\psi(y)\geqslant 0)$ 及 $y=c,y=d$ $(c<d)$ 与 y 轴围成，则其面积为

$$A=\int_c^d \psi(y)\mathrm{d}y.$$

若平面图形由 $y=f(x),y=g(x)$ $(f(x)\geqslant g(x))$ 及 $x=a,x=b$ $(a<b)$ 围成，则其面积为

$$A=\int_a^b [f(x)-g(x)]\mathrm{d}x.$$

若平面图形由 $x=\psi(y),x=\varphi(y)$ $(\psi(y)\geqslant\varphi(y))$ 及 $y=c,y=d$ $(c<d)$ 围成，则其面积为

$$A=\int_c^d [\psi(y)-\varphi(y)]\mathrm{d}y.$$

2. 旋转体的体积

由 $y=f(x)$ 及 $x=a,x=b$ $(a<b)$ 及 x 轴所围成的平面图形绕 x 轴旋转一周所得旋转体的体积为

$$V_x=\int_a^b \pi f^2(x)\mathrm{d}x.$$

由 $x=\psi(y)$ 及 $y=c,y=d$ $(c<d)$ 及 y 轴所围成的平面图形绕 y 轴旋转一周所得旋转体的体积为

$$V_y=\pi\int_c^d \psi^2(y)\mathrm{d}y.$$

八、定积分在物理上的应用

1. 变力做功

物体在变力 $F(x)$ 的作用下，由点 a 移至到点 b，变力 $F(x)$ 所做的功为

$$W=\int_a^b F(x)\mathrm{d}x.$$

2. 液体对平面薄片的压力

九、定积分在经济上的应用

(1) 已知总产量的变化率 $f(t)$,则总产量函数为

$$P(t)=\int_a^b f(x)\mathrm{d}x.$$

(2) 已知总成本的变化率 $C'(q)$,则总成本函数为

$$C(q)=\int_0^q C'(x)\mathrm{d}x+C(0).$$

(3) 已知总收入的变化率 $R'(q)$,则总收入函数为

$$R(q)=\int_0^q R'(x)\mathrm{d}x.$$

(4) 已知总利润的变化率 $L'(q)$,则总利润函数为

$$L(q)=\int_0^q L'(x)\mathrm{d}x.$$

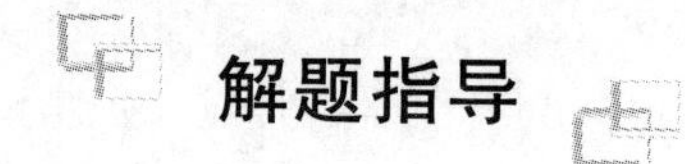

解题指导

例 1 设 $f(x)$是连续函数,$\int_a^b f(x)\mathrm{d}x-\int_a^b f(a+b-x)\mathrm{d}x=(\quad)$.

A. 0　　B. 1　　C. $a+b$　　D. $\int_a^b f(x)\mathrm{d}x$

分析 $f(x)$为抽象函数,只有通过变换,利用积分性质才能得出积分表达式的值

令 $t=a+b-x,x=a+b-t,\mathrm{d}x=-\mathrm{d}t$,当 $x=a$ 时,$t=b$;当 $x=b$ 时,$t=a$,则

$$\int_a^b f(a+b-x)\mathrm{d}x=\int_b^a f(t)(-\mathrm{d}t)=-\int_b^a f(t)\mathrm{d}t=\int_a^b f(t)\mathrm{d}t=\int_a^b f(x)\mathrm{d}x,$$

于是 $\int_a^b f(x)\mathrm{d}x-\int_a^b f(a+b-x)\mathrm{d}x=0$.

解 选 A.

例 2 计算 $\int_0^{\ln 3}\mathrm{e}^x(1+\mathrm{e}^x)^2\mathrm{d}x$.

分析 因为被积函数的一部分 e^x 可以看成是函数 $1+\mathrm{e}^x$ 的微分,即 $\mathrm{d}(1+\mathrm{e}^x)=\mathrm{e}^x$,所以被积函数的原函数很快就能由凑微分法计算出来. 要注意的是定积分变量替换时不仅原函数要换,上下限也要同时替换.

解

$$\int_0^{\ln 3}\mathrm{e}^x(1+\mathrm{e}^x)^2\mathrm{d}x=\int_0^{\ln 3}(1+\mathrm{e}^x)^2\mathrm{d}(1+\mathrm{e}^x)=\frac{1}{3}(1+\mathrm{e}^x)^3\Big|_0^{\ln 3}$$

$$=\frac{1}{3}[(1+\mathrm{e}^{\ln 3})^3-(1+\mathrm{e}^0)^3]=\frac{56}{3}$$

例 3 计算 $\int_0^{\ln 2}\sqrt{\mathrm{e}^x-1}\mathrm{d}x$.

分析 因为被积函数为无理函数,这类积分通常要采取变量替换的方式求得原函数. 注意根号内不是我们常见的 $1-x^2$、$1+x^2$ 或 x^2-1 等情况,所以不能利用三角函数替换,只能是采取 $\sqrt{\mathrm{e}^x-1}=t$ 一次性替换并求得原函数. 同样要注意的是定积分变量替换时不仅原函

数要换,上下限也要同时替换.

解 设$\sqrt{e^x-1}=t$,即 $x=\ln(t^2+1)$,$dx=\dfrac{2t}{t^2+1}dt$.

换积分限:当 $x=0$ 时,$t=0$;$x=\ln 2$ 时,$t=1$,于是

$$\int_0^{\ln 2}\sqrt{e^x-1}dx=\int_0^1 t\cdot\frac{2t}{t^2+1}dt=2\int_0^1\left(1-\frac{1}{t^2+1}\right)dt$$

$$=2(t-\arctan t)\Big|_0^1=2-\frac{\pi}{2}$$

例 4 计算$\int_0^{\pi}\sqrt{\sin^3 x-\sin^5 x}dx$.

分析 当被积函数含有三角函数且比较复杂时,一般先用三角函数关系式将被积函数恒等变形后再积分.本题由于$\sin^3 x-\sin^5 x=\sin^3 x(1-\sin^2 x)=\sin^3 x\cos^2 x$,而 $\cos x$ 在区间$\left[0,\frac{\pi}{2}\right]$内非负,在区间$\left[\frac{\pi}{2},\pi\right]$内非正,所以要将积分区间$[0,\pi]$分成$\left[0,\frac{\pi}{2}\right]$和$\left[\frac{\pi}{2},\pi\right]$两部分.

解
$$\int_0^{\pi}\sqrt{\sin^3 x-\sin^5 x}dx=\int_0^{\pi}\sin^{\frac{3}{2}}x\,|\cos x|\,dx$$

$$=\int_0^{\frac{\pi}{2}}\sin^{\frac{3}{2}}x\cos x dx-\int_{\frac{\pi}{2}}^{\pi}\sin^{\frac{3}{2}}x\cos x dx$$

$$=\int_0^{\frac{\pi}{2}}\sin^{\frac{3}{2}}x d(\sin x)-\int_{\frac{\pi}{2}}^{\pi}\sin^{\frac{3}{2}}x d(\sin x)$$

$$=\frac{2}{5}\sin^{\frac{5}{2}}x\Big|_0^{\frac{\pi}{2}}-\frac{2}{5}\sin^{\frac{5}{2}}x\Big|_{\frac{\pi}{2}}^{\pi}=\frac{4}{5}.$$

例 5 已知 $f(x)=\begin{cases}1+x^2, & x\leqslant 0,\\ e^{-x}, & x>0,\end{cases}$ 求$\int_1^3 f(x-2)dx$.

分析 被积函数 $f(x-2)$是以 $x-2$ 为中间变量的函数,要顺利实施积分,必须通过变量替换 $x-2=t$ 化为对变量 t 的积分;又因为给出的被积函数是分段函数,所以要根据分段点 $x=0$ 化积分为两个积分之和.

解 令 $x-2=t$,

$$\int_1^3 f(x-2)dx=\int_{-1}^1 f(t)dt=\int_{-1}^0(1+t^2)dt+\int_0^1 e^{-t}dt=\frac{4}{3}+1-e^{-1}=\frac{7}{3}-e^{-1}.$$

例 6 设 $f(x)$ 的一个原函数为 xe^x,求$\int_0^1 xf'(x)dx$.

分析 被积函数中 $f'(x)dx$ 恰好是函数 $f(x)$ 的微分,即 $df(x)=f'(x)dx$,所以原积分$\int_0^1 xf'(x)dx$ 可以化为$\int_0^1 x df(x)$,于是可以采用分部积分计算得出结果.

解 因为 $f(x)$ 的一个原函数为 xe^x,则$\int f(x)dx=xe^x+C$ 且$\int_0^1 f(x)dx=xe^x\big|_0^1=e$,

$$f(x)=(xe^x+C)'=(x+1)e^x$$

$$\int_0^1 xf'(x)dx=\int_0^1 x df(x)=xf(x)\Big|_0^1-\int_0^1 f(x)dx$$

$$=x(x+1)e^x\Big|_0^1-xe^x\Big|_0^1=2e-e=e$$

例 7 求由直线 $y=0$，$x=\mathrm{e}$ 及曲线 $y=\ln x$ 所围平面图形的面积以及该平面图形绕 x 轴旋转一周所得旋转体的体积.

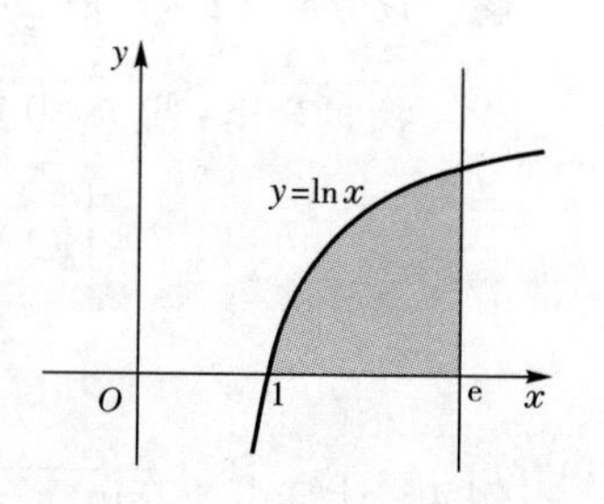

分析 应先画出由直线 $y=0$，$x=\mathrm{e}$ 及曲线 $y=\ln x$ 所围成的平面图形，从图形可以看出，所求面积正是我们常见的第一种情况，即选取 x 为积分变量直接积分就可以；同样所求体积也正是常见的第一种情况，直接套用旋转体体积公式即可. 要注意的是都需要采用分部积分法计算出具体结果，计算体积时还需要采用两次分部积分.

解 如图所示，则它的面积为

$$S=\int_1^{\mathrm{e}}(\ln x-0)\mathrm{d}x=x\ln x\Big|_1^{\mathrm{e}}-\int_1^{\mathrm{e}}x\cdot\frac{1}{x}\mathrm{d}x=1.$$

此平面图形绕 x 轴旋转所得旋转体的体积为

$$V_x=\pi\int_1^{\mathrm{e}}\ln^2 x\mathrm{d}x=\pi\left(x\ln^2 x\Big|_1^{\mathrm{e}}-\int_1^{\mathrm{e}}x\cdot 2\ln x\cdot\frac{1}{x}\mathrm{d}x\right)$$

$$=\pi\left(\mathrm{e}-2\int_1^{\mathrm{e}}\ln x\mathrm{d}x\right)=\pi(\mathrm{e}-2).$$

例 8 求由直线 $x=0$，$x=2$，$y=0$ 与抛物线 $y=-x^2+1$ 所围成的平面图形的面积，并求上述图形绕 x 轴旋转一周所得旋转体的体积.

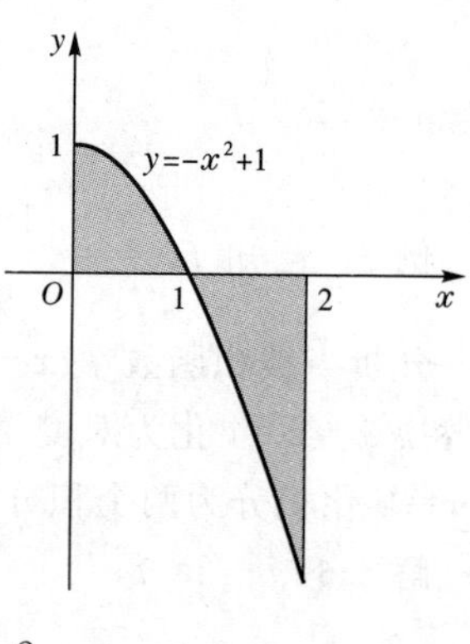

分析 应先画出由 $x=0$，$y=-x^2+1$，$x=2$，$y=0$ 所围成的平面图形. 从图形可以看出，如上几条曲线所围成的平面图形由两部分组成，一块在 x 轴的上方，一块在 x 轴的下方，所以计算旋转体的面积时应该插入分点按两部分计算再求和得出. 计算体积时，不需要分上下两部分计算，而直接应用公式.

解 如图所示，其面积为

$$S=\int_0^1[(-x^2+1)-0]\mathrm{d}x+\int_1^2[0-(-x^2+1)]\mathrm{d}x$$

$$=\left(-\frac{x^3}{3}+\right)\Big|_0^1+\left(\frac{x^3}{3}-x\right)\Big|_1^2=\frac{2}{3}+\frac{2}{3}-\left(-\frac{2}{3}\right)=2.$$

上述图形绕 x 轴旋转一周所得旋转体的体积为

$$V_x=\pi\int_0^2 y^2\mathrm{d}x=\pi\int_0^2(x^4-2x^2+1)\mathrm{d}x=\pi\left(\frac{1}{5}x^5-\frac{2}{3}x^3+x\right)\Big|_0^2=\frac{46}{15}\pi.$$

例 9 求证 $\int_0^{\pi}xf(\sin x)\mathrm{d}x=\frac{\pi}{2}\int_0^{\pi}f(\sin x)\mathrm{d}x.$

分析 等式两边被积函数中都含有 $f(\sin x)$，于是我们猜想所做的积分变换应该是同名函数的变换.

证明 令 $x=\pi-t$ $\mathrm{d}x=-\mathrm{d}t$，

当 $x=0$ 时，$t=\pi$；当 $x=\pi$ 时，$t=0$.

$$\int_0^{\pi} xf(\sin x)\mathrm{d}x = \int_{\pi}^{0} (\pi - t)f(\sin(\pi - t))(-\mathrm{d}t) = -\int_{\pi}^{0} (\pi - t)f(\sin t)\mathrm{d}t$$

$$= \int_0^{\pi} (\pi - t)f(\sin t)\mathrm{d}t = \pi\int_0^{\pi} f(\sin t)\mathrm{d}t - \int_0^{\pi} tf(\sin t)\mathrm{d}t$$

而定积分与积分变量无关，得 $\int_0^{\pi} tf(\sin t)\mathrm{d}t = \int_0^{\pi} xf(\sin x)\mathrm{d}x$.

整理得 $\int_0^{\pi} xf(\sin x)\mathrm{d}x = \frac{\pi}{2}\int_0^{\pi} f(\sin x)\mathrm{d}x$.

第6章　线性代数

内容小结

本章主要介绍了行列式的概念、性质、代数余子式和行列式的计算、克莱姆法则，矩阵的概念、矩阵的运算、可逆矩阵的概念和逆矩阵的判别及其求法、矩阵的秩及求法以及高斯消元法解线性方程组，线性方程组的情况判定.

一、行列式

D 是由 $n\times n$ 个数 $a_{ij}(i,j=1,2,\cdots,n)$ 排成的方形数表，称为 n 阶行列式.

1. 行列式性质

2. 行列式计算

3. 克莱姆法则

二、矩阵

$\boldsymbol{A}_{m\times n}$ 是由 $m\times n$ 个数 $a_{ij}(i=1,2,\cdots,m;\ j=1,2,\cdots,n)$ 排成的矩阵数表. 当 $m=n$ 时，称为 n 阶方阵，记作 $\boldsymbol{A}_n$.

1. 特殊矩阵

零矩阵、单位矩阵、数量矩阵、对角矩阵、三角形矩阵、阶梯形矩阵、可交换矩阵.

2. 矩阵的运算

矩阵的加法、数乘矩阵、矩阵的乘法和矩阵的转置.

矩阵乘法的条件是：左矩阵 $\boldsymbol{A}$ 的列数＝右矩阵 $\boldsymbol{B}$ 的行数.

矩阵的乘法一般不满足交换律和消去律.

3. 矩阵的初等行变换和矩阵的秩

对矩阵进行下列三种变换，称为初等行变换.

(1) 对换矩阵的两行位置；

(2) 用一个非零常数遍乘矩阵的某一行；

(3) 将矩阵某一行的倍数加到另一行上.

求矩阵秩的方法：用初等行变换将矩阵 $\boldsymbol{A}$ 化为阶梯形矩阵，则矩阵 $\boldsymbol{A}$ 的秩 $\mathrm{r}(\boldsymbol{A})$ 等于阶梯矩阵中非零行的行数.

初等行变换不改变矩阵的秩.

4. 可逆矩阵的判别方法和逆矩阵的求法

设 $\boldsymbol{A}$ 和 $\boldsymbol{B}$ 都是 n 阶矩阵，如果 $\boldsymbol{AB}=\boldsymbol{E}$，则 $\boldsymbol{A}$ 和 $\boldsymbol{B}$ 都是可逆的，且 $\boldsymbol{B}=\boldsymbol{A}^{-1}$.

n 阶矩阵 $\boldsymbol{A}$ 可逆的充要条件为 $\mathrm{r}(\boldsymbol{A})=n$ ($\boldsymbol{A}$ 为满秩矩阵).

用初等行变换求可逆矩阵的逆矩阵

$$(\boldsymbol{A}\ \vdots\ \boldsymbol{B})\xrightarrow{\text{初等行变换}}(\boldsymbol{E}\ \vdots\ \boldsymbol{A}^{-1}).$$

三、线性方程组的解的判定

(1) 设 $\boldsymbol{AX}=\boldsymbol{B}$,则 $\boldsymbol{AX}=\boldsymbol{B}$ 有解 $\Leftrightarrow \mathrm{r}(\boldsymbol{A})=\mathrm{r}(\boldsymbol{A} \vdots \boldsymbol{B})$,且当 $\mathrm{r}(\boldsymbol{A})=n$ 时,$\boldsymbol{AX}=\boldsymbol{B}$ 有唯一解;当 $\mathrm{r}(\boldsymbol{A})<n$ 时,$\boldsymbol{AX}=\boldsymbol{B}$ 有无穷多解.

(2) 设 $\boldsymbol{AX}=\boldsymbol{O}$,则 $\boldsymbol{AX}=\boldsymbol{O}$ 只有零解 $\Leftrightarrow \mathrm{r}(\boldsymbol{A})=n$;当 $\mathrm{r}(\boldsymbol{A})<n \Leftrightarrow \boldsymbol{AX}=\boldsymbol{O}$ 有非零解.

解题指导

例 1 求行列式 $D=\begin{vmatrix}4 & 1 & 2 & 4\\1 & 2 & 0 & 2\\2 & 1 & 3 & -1\\0 & 1 & 1 & 7\end{vmatrix}$ 的元素 a_{23} 的代数余子式 D_{23} 的值.

分析 在求解行列式的代数余子式的时候一定要区分好行列式的余子式和代数余子式的差别.

解

$$D_{23}=(-1)^{2+3}\begin{vmatrix}4 & 1 & 4\\2 & 1 & -1\\0 & 1 & 4\end{vmatrix}=-26.$$

例 2 求解行列式 $A=\begin{vmatrix}1 & 5 & -2\\0 & -3 & 4\\1 & 4 & 6\end{vmatrix}$ 的值.

分析 计算二阶行列式和三阶行列式均可采用对角线法.

解

$$A=\begin{vmatrix}1 & 5 & -2\\0 & -3 & 4\\1 & 4 & 6\end{vmatrix}$$

$$=1\times(-3)\times 6+0\times 4\times(-2)+1\times 4\times 5-(-2)\times(-3)\times 1-4\times 4\times 1-6\times 0\times 5$$

$$=-20.$$

例 3 求解矩阵 $A=\begin{pmatrix}1 & 2 & 3\\1 & 4 & 2\\4 & 0 & 3\end{pmatrix}$ 的秩.

分析 求解矩阵的秩就是将矩阵化成阶梯形矩阵.

解 $\begin{pmatrix}1 & 2 & 3\\1 & 4 & 2\\4 & 0 & 3\end{pmatrix}\rightarrow\begin{pmatrix}1 & 2 & 3\\0 & 2 & -1\\0 & -8 & -9\end{pmatrix}\rightarrow\begin{pmatrix}1 & 2 & 3\\0 & 2 & -1\\0 & 0 & -13\end{pmatrix}$.

所以 $R(A)=3$.

例 4 设 $A=\begin{pmatrix}0 & 3 & 3\\1 & 1 & 0\\-1 & 2 & 3\end{pmatrix}$,$AB=A+2B$,求 B.

分析 这类题目属于矩阵方程,因为 $AB=A+2B$,所以 $(A-2E)B=A$,就是

$$B=(A-2E)^{-1}A.$$

解 因为$A-2E=\begin{pmatrix}-2&3&3\\1&-1&0\\-1&2&1\end{pmatrix}$，所以$(A-2E)^{-1}=\frac{1}{2}\begin{pmatrix}-1&3&3\\-1&1&3\\1&1&-1\end{pmatrix}$，

即 $B=(A-2E)^{-1}A=\frac{1}{2}\begin{pmatrix}-1&3&3\\-1&1&3\\1&1&-1\end{pmatrix}\begin{pmatrix}0&3&3\\1&1&0\\-1&2&3\end{pmatrix}=\begin{pmatrix}0&3&3\\-1&2&3\\1&1&0\end{pmatrix}$.

例 5 设矩阵$A=\begin{pmatrix}1&1&2-a\\3-2a&2-a&1\\2-a&2-a&1\end{pmatrix}$，$b=\begin{pmatrix}1\\a\\-1\end{pmatrix}$，若方程组 $AX=b$ 有解但不唯一，求 a 的值.

分析 方程组有解但不唯一，即方程有无穷多解，亦即 $R(A)=R(\overline{A})<3$，

$$\overline{A}=\begin{pmatrix}1&1&2-a&1\\3-2a&2-a&1&a\\2-a&2-a&1&-1\end{pmatrix}\rightarrow\begin{pmatrix}1&1&2-a&1\\0&a-1&-2a^2+7a-5&3a-3\\0&0&-a^2+4a-3&a-3\end{pmatrix},$$

所以 $a=3$.

例 6 求线性方程组$\begin{cases}x_1-x_2-x_3=0\\2x_1-x_2-3x_3=4\\3x_1+2x_2-5x_3=6\end{cases}$的解.

分析 当未知数的个数和方程的个数相等的时候，求解线性方程组的方法有三种：逆矩阵法、克莱姆法则、高斯消元法. 本题采用逆矩阵求解.

解

线性方程写成矩阵形式：$AX=B$，其中 $A=\begin{pmatrix}1&-1&-1\\2&-1&-3\\3&2&-5\end{pmatrix}$，$X=\begin{pmatrix}x_1\\x_2\\x_3\end{pmatrix}$，$B=\begin{pmatrix}0\\4\\6\end{pmatrix}$.

因为 $A^{-1}=\begin{pmatrix}\frac{11}{3}&-\frac{7}{3}&\frac{2}{3}\\\frac{1}{3}&-\frac{2}{3}&\frac{1}{3}\\\frac{7}{3}&-\frac{5}{3}&\frac{1}{3}\end{pmatrix}$，

所以 $X=A^{-1}B=\begin{pmatrix}\frac{11}{3}&-\frac{7}{3}&\frac{2}{3}\\\frac{1}{3}&-\frac{2}{3}&\frac{1}{3}\\\frac{7}{3}&-\frac{5}{3}&\frac{1}{3}\end{pmatrix}\begin{pmatrix}0\\4\\6\end{pmatrix}=\begin{pmatrix}-\frac{16}{3}\\-\frac{2}{3}\\-\frac{14}{3}\end{pmatrix}$.

即线性方程组的解为

$$x_1=-\frac{16}{3},x_2=-\frac{2}{3},x_3=-\frac{14}{3}.$$

例 7 求线性方程组$\begin{cases}2x_1+x_2-x_3+x_4=1\\4x_1+2x_2-2x_3+x_4=2\\2x_1+x_2-x_3-x_4=1\end{cases}$的解.

分析 当未知数的个数和方程的个数不相等的时候，求解线性方程组的解用高斯消元法，高斯消元法是求解线性方程组最简单、最常用的方法.

解

$$(AB)=\left(\begin{array}{cccc:c}2&1&-1&1&1\\4&2&-2&1&2\\2&1&-1&-1&1\end{array}\right)\to\left(\begin{array}{cccc:c}2&1&-1&1&1\\0&0&0&-1&0\\0&0&0&-2&0\end{array}\right)\to\left(\begin{array}{cccc:c}2&1&-1&1&1\\0&0&0&1&0\\0&0&0&0&0\end{array}\right).$$

因为 $R(A)=R(AB)=2<4$，所以线性方程组有无穷解，

解为 $\begin{cases}x_1=k_1\\x_2=k_2\\x_3=2k_1+k_2\\x_4=0\end{cases}$ (k_1，k_2 为任意实数).

例 8 a 取何值时，非齐次线性方程组

$$\begin{cases}-x_1-4x_2+x_3=1,\\ax_2-3x_3=3,\\x_1+3x_2+(a+1)x_3=0,\end{cases}$$

有唯一解？无解？无穷解？

分析 根据线性方程组解的存在性判定定理.

解 对增广矩阵初等行变换，有

$$\left(\begin{array}{ccc:c}-1&-4&1&1\\0&a&-3&3\\1&3&a+1&0\end{array}\right)\to\left(\begin{array}{ccc:c}-1&-4&1&1\\0&a&-3&3\\0&-1&a+2&1\end{array}\right)\to\left(\begin{array}{ccc:c}-1&-4&1&1\\0&-1&a+2&1\\0&0&a^2+2a-3&a+3\end{array}\right).$$

当 $a\neq1$ 且 $a\neq-3$ 时，有 $R(A)=R(\bar{A})=3$，线性方程组有唯一解；

当 $a=1$ 时，有 $R(A)\neq R(\bar{A})$，线性方程组无解；

当 $a=-3$ 时，有 $R(A)=R(\bar{A})=2<3$，线性方程组有无穷解.

例 9 已知齐次线性方程组 $\begin{cases}x_1+2x_2+x_3=0\\x_1+ax_2+2x_3=0\\ax_1+4x_2+3x_3=0\\2x_1+(a+2)x_2-5x_3=0\end{cases}$ 有非零解，求 a 的值.

分析 齐次线性方程有非零解的充分必要条件是系数矩阵的秩小于 n.

解

$$\text{因为}A=\begin{pmatrix}1&2&1\\1&a&2\\a&4&3\\2&a+2&-5\end{pmatrix}\to\begin{pmatrix}1&2&1\\0&a-2&1\\0&4-2a&3-a\\0&a-2&-7\end{pmatrix}\to\begin{pmatrix}1&2&1\\0&a-2&1\\0&0&5-a\\0&0&-8\end{pmatrix},$$

所以有 $R(A)<3\Leftrightarrow a=2$.

例 10 讨论当 a，b 取何值时，线性方程组 $\begin{cases}{}_1-x_2-2x_3+3x_4=0\\x_1-3x_2-5x_3+2x_4=-1\\x_1+x_2+ax_3+4x_4=1\\x_1+7x_2+10x_3+7x_4=b\end{cases}$ 有解？无解？

解 对增广矩阵作初等行变换,

$$\text{有}\left(\begin{array}{cccc:c}1 & -1 & -2 & 3 & 0\\1 & -3 & -5 & 2 & -1\\1 & 1 & a & 4 & 1\\1 & 7 & 10 & 7 & b\end{array}\right)\to\left(\begin{array}{cccc:c}1 & -1 & -2 & 3 & 0\\0 & -2 & -3 & -1 & -1\\0 & 2 & a+2 & 1 & 1\\0 & 8 & 12 & 4 & b\end{array}\right)\to\left(\begin{array}{cccc:c}1 & -1 & -2 & 3 & 0\\0 & 2 & 3 & 1 & 1\\0 & 0 & a-1 & 0 & 0\\0 & 0 & 0 & 0 & b-4\end{array}\right),$$

当 $b\neq 4$ 时,$R(A)\neq R(\overline{A})$,方程组无解;

当 $b=4$ 时,对任意的 a,恒有 $R(A)=R(\overline{A})$,方程组有解.

第7章　数理逻辑与图论

内容小结

一、命题逻辑

1. 命题和联结词

能够确定真假的陈述句称为命题.

联结词包括:否定$\neg$,合取$\wedge$,析取$\vee$,条件$\rightarrow$,双条件$\rightleftarrows$.

2. 命题公式与真值表

复合命题即称命题公式,包括命题变元、联结词和圆括号的字符串.

将命题公式在所有指派下取值情况列成表,称为真值表.

3. 推理理论

把从前提出发,根据确认的推理规则推导出一个结论,把这个过程称为有效推理.

二、谓词逻辑

1. 谓词的概念

谓词:用来刻画个体词的性质或个体词之间关系的词称为谓词.

2. 谓词演算的等价式

设 A 和 B 有共同的个体域,若对 A 和 B 的任一组变元赋值,其真值都相同,称 A 与 B 等价,记作 $A \Leftrightarrow B$.

3. 谓词演算的推理

谓词演算的推理方法.可以看做命题演算推理方法的推广.

三、图的基本概念

1. 一个图 G 可简记为 $G=\langle V,E\rangle$

其中 $V=\{v_1,v_2,\cdots,v_n\}$为顶点集,$E=\{e_1,e_2,\cdots,e_m\}$为边集.

2. 基本知识点

序偶、无序偶、有向边、无向边、邻接点、无向图、有向图、零图、环、简单图、无向完全图、结点度数、入度、出度.

四、图的矩阵表示

1. 邻接矩阵

$$\boldsymbol{A}(G)=(a_{ij})_{n\times n},$$

其中 $a_{ij}=\begin{cases}1, & v_i \quad adj \quad v_j, \\ 0, & v_i \quad nadj \quad v_j.\end{cases}$ 或 $i=j$

2. 对邻接矩阵$\boldsymbol{A}(G)$进行幂运算得$\boldsymbol{A}^l$

在 $\boldsymbol{A}^l$ 中的元素 $a_{ij}^{(l)}$ 恰是 v_i 到 v_j 长度为 l 的通路条数.

3. 可达矩阵

$$\boldsymbol{P}=(p_{ij})_{n\times n},$$

其中 $p_{ij}=\begin{cases}1, & \text{从 } v_i \text{ 到 } v_j \text{ 至少存在一条路},\\ 0, & \text{从 } v_i \text{ 到 } v_j \text{ 不存在路}.\end{cases}$

4. 如果对 $\boldsymbol{A}(G)$进行幂运算，则可得到可达性矩阵 $\boldsymbol{P}(G)$

$$\boldsymbol{B}_n=\boldsymbol{A}+\boldsymbol{A}^2+\cdots+\boldsymbol{A}^n.$$

对 $\boldsymbol{B}_n$ 中非零元素换为1，零元素不变，就得到可达矩阵 $\boldsymbol{P}$，$\boldsymbol{P}$ 中元素：$p_{ij}=0$ 表示 v_i 到 v_j 之间没有通路，$p_{ij}=1$ 表示 v_i 到 v_j 是可达的.

五、树与生成树

1. 树

一个连通且无回路的无向图称为树.

2. 生成树

如果图 G 的生成子图是一棵树，则该树称为生成树.

3. 求图 G 的生成树的方法

图 G 如果无回路，则本身就是生成树，图 G 如果有回路，则删去回路的一条边，得到 G_1，若 G_1 没有回路，则 G_1 就是 G 的生成树，否则再在 G_1 中找到回路删去回路上的一条边，重复上述做法，直到 G_i 没有回路为止，G_i 就是 G 的生成树.

4. 带权图 G 的最小生成树的求法(kruskal 算法)

设 G 有 n 个结点：

(1) 选取权最小的边记作 e_1，置数 $i\leftarrow 1$；

(2) 若 $i=n-1$，结束，否则转(3)；

(3) 设已选择边为 $e_1,e_2,\cdots,e_i$，在 G 中选取不同于 $e_1,e_2,\cdots,e_i$ 的边，记作 e_{i+1}，使$\{e_1,e_2,\cdots,e_i,e_{i+1}\}$中无回路，且 e_{i+1}是满足条件的最小边.

六、根树及其应用

1. 根树

一棵有向树，如果恰有一个结点的入度为0，其余所有结点的入度都为1，则称为根树.

2. 二叉树定义、完全二叉树定义

3. 最优二叉树的求法，即 Huffman 算法

4.完全二叉树在编码中的应用

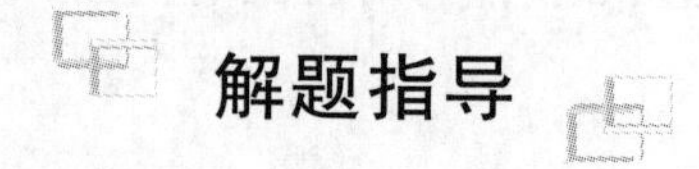

解题指导

例1 将下列命题符号化：

张荣住在1号公寓305室或306室.

分析 此题看似简单，但极易出错，这是因为逻辑连接词"$\vee$"表达的“或”是“可兼或”，用时小心.

解 设 P：张荣住在1号公寓305室.

Q：张荣住在1号公寓306室.

则命题“张荣住在1号公寓305室或306室.”应符号化为

$$(P\wedge\neg Q)\vee(\neg P\wedge Q).$$

例2 证明：$P\rightarrow Q\Leftrightarrow\neg P\vee Q$.

分析 该等价公式，一般逻辑教科书是将其作为定义来用的，其实是可以用真值表来证明的.

证明 真值表如下：

P	Q	$\neg P$	$P\rightarrow Q$	$\neg P\vee Q$
T	T	F	T	T
T	F	F	F	F
F	T	T	T	T
F	F	T	T	T

观察表中最后两列，知 $P\rightarrow Q\Leftrightarrow\neg P\vee Q$.

例3 设有向图如下

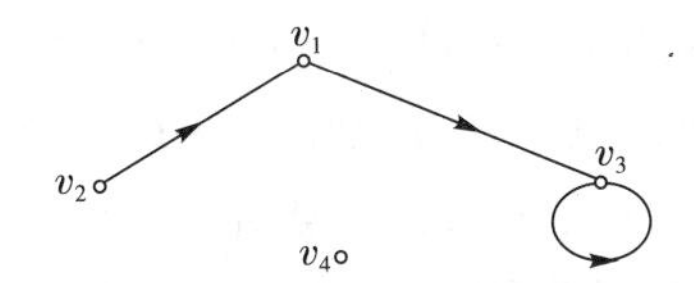

求 $\sum_{i=1}^{4}\deg^{+}(v_i)$.（注：符号$\deg^{+}(v)$表示结点 v 的出度.）

分析 此题可有两个考虑思路：思路一，严格按照定义，逐个求出结点的出度，再行累积；思路二，利用每个图中所有结点的入度之和等于所有结点的出度之和，再结合有向图中每个结点的度数等于其出度与入度之和，以及每个图中所有结点度数之和等于边数的2倍，综合求之.

解 （法一）因为$\deg^{+}(v_1)=1$、$\deg^{+}(v_2)=1$、$\deg^{+}(v_3)=1$、$\deg^{+}(v_4)=0$，所以

$$\sum_{i=1}^{4}\deg^{+}(v_i)=1+1+1+0=3.$$

（法二）因为$\sum_{i=1}^{4}\deg^{+}(v_i)=\sum_{i=1}^{4}\deg^{-}(v_i)$，

$$\sum_{i=1}^{4}\deg^{+}(v_i)+\sum_{i=1}^{4}\deg^{-}(v_i)=\sum_{i=1}^{4}\deg(v_i)=2\times 3=6,$$

所以 $\sum_{i=1}^{4}\deg^{+}(v_i)=3$.

例4 连通无向图 G 有10个结点、15条边，问从 G 中删去多少条边才能得到 G 的一棵生成树？

分析 树就是基于无向图之“紧巴巴”的连通图，若删去了连通无向图中所有(针对奢侈连通而言的)“富余”边，留下来的就是母图的一棵生成树.

解 设删去连通无向图 G 的所有 x 条“富余”边，则有

$$15-x=10-1,$$

解得 $x=6$.

故只有从 G 中删去6条边才能得到 G 的一棵生成树.

例 5 符号化下列命题：

(1)所有的人都是要呼吸的.

(2)有些人早饭吃面包.

分析 此题带有量词.一般而言，对全称量词，特性谓词常作条件的前件；对存在量词，特性谓词常作合取项.

解 (1) 设 $M(x)$：x 是人.

$H(x)$：x 要呼吸.

则命题"所有的人都是要呼吸的."应符号化为

$$(\forall x)(M(x)\rightarrow H(x)).$$

(2)设 $M(x)$：x 是人.

$E(x)$：x 早饭吃面包.

则命题"有些人早饭吃面包."应符号化为

$$(\exists x)(M(x)\wedge E(x))$$

例 6 证明：$(\forall x)(M(x)\rightarrow D(x))\wedge M(s)\Rightarrow D(s)$.

分析 "苏格拉底论证"是永真式 $(\forall x)(M(x)\rightarrow D(x))\wedge M(s)\rightarrow D(s)$ 的一个著名解释：其中 $M(x)$ 表示 x 是一个人，$D(x)$ 表示 x 是要死的，s 表示苏格拉底.当然该永真式还允许有其他不同的解释，所有这些解释都符合思维的推理规律，正如"永真式"自身所表明的：可用数理逻辑来证明.

证明

(1) $(\forall x)(M(x)\rightarrow D(x))$	P
(2) $M(s)\rightarrow D(s)$	$US(1)$
(3) $M(s)$	P
(4) $D(s)$	$T(2)(3)$

例 7 设无向图 G(如下图)，求长度为 2 的路的总数和回路总数并找出所有从始点 v_4 到终点 v_4 的长度为 2 的回路.

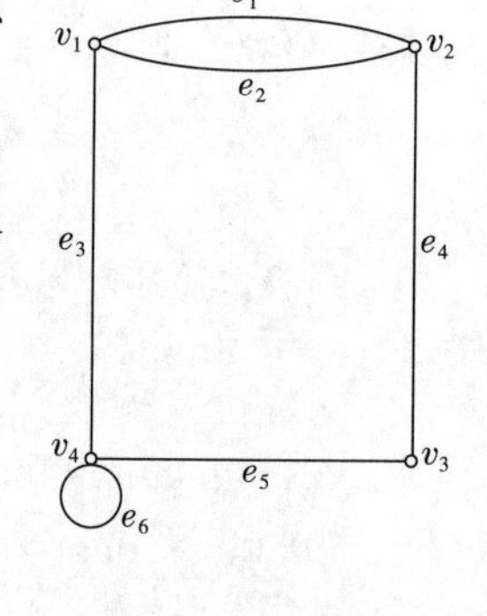

分析 考虑图 G 的邻接矩阵 A，则矩阵 A^l(其中 l 是自然数)中的第 i 行第 j 列元素 $a_{ij}^{(l)}$ 等于从始点 v_i 到终点 v_j 的长度为 l 的路之数目.结合此题，要取 $l=2$.

解 首先求邻接矩阵 A

$$A=\begin{pmatrix}0&2&0&1\\2&0&1&0\\0&1&0&1\\1&0&1&1\end{pmatrix},$$

其次计算 A^2

$$A^2=\begin{pmatrix}0&2&0&1\\2&0&1&0\\0&1&0&1\\1&0&1&1\end{pmatrix}\begin{pmatrix}0&2&0&1\\2&0&1&0\\0&1&0&1\\1&0&1&1\end{pmatrix}=\begin{pmatrix}5&0&3&1\\0&5&0&3\\3&0&2&1\\1&3&1&3\end{pmatrix},$$

于是长度为 2 的路的总数是：$2\times5+5\times3+1\times2+4\times1=31$，

长度为 2 的回路总数是：$2\times5+1\times2+1\times3=15$，

且 $a_{44}^{(2)}=3$ 表示从始点 v_4 到终点 v_4 的长度为 2 的回路共有 3 条，具体为：

(1) $v_4e_3v_1e_3v_4$；(2) $v_4e_5v_3e_5v_4$；(3) $v_4e_6v_4e_6v_4$.

例 8 设无向带权连通图 G(如下图)，求 G 的一棵最小生成树 T 及 T 的权.

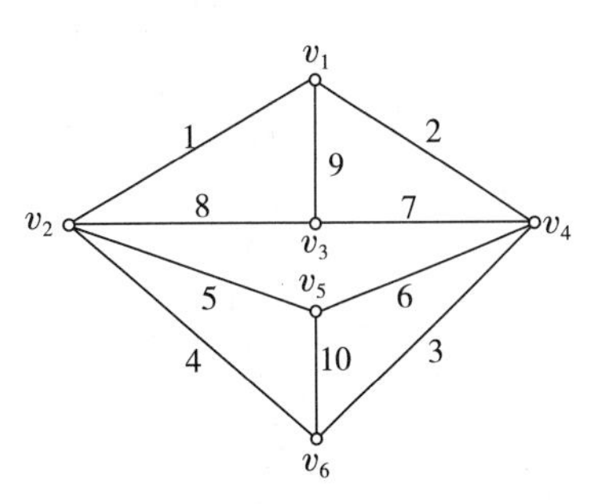

分析 可设想此题情境：图 G 中的结点表示一些城市，各边表示城市间道路的连接情况，边的权表示道路的长度，如果我们要用通讯线路把这些城市联系起来，要求沿道路架设线路时，所用的线路最短，这就是要求一棵生成树，使该生成树是 G 的所有生成树中边权的和 $W(T)$ 为最小的. 可用"避圈法"求最小生成树.

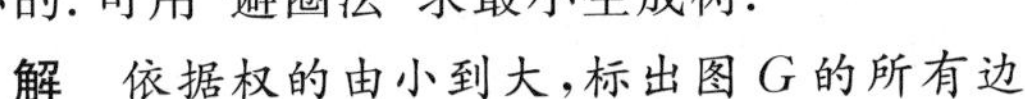

解 依据权的由小到大，标出图 G 的所有边

$$e_1,e_2,e_3,e_4,e_5,e_6,e_7,e_8,e_9,e_{10}$$

如右图

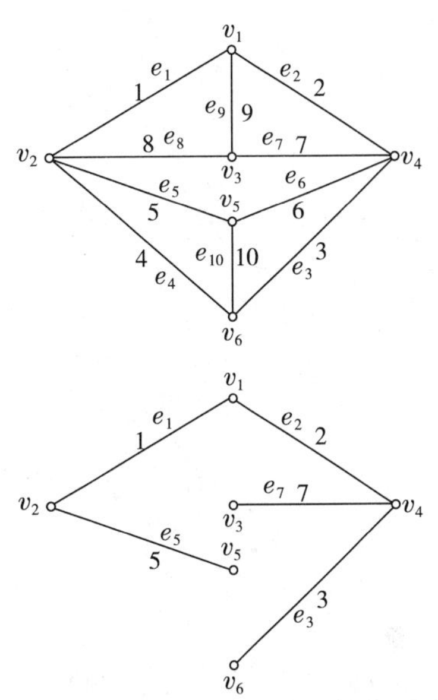

令 E_T 表示最小生成树 T 的边集，那么

第 1 次取 $e_1\in E_T$

第 2 次取 $e_2\in E_T$

第 3 次取 $e_3\in E_T$

第 4 次取 $e_5\in E_T$

第 5 次取 $e_7\in E_T$

完毕[事实上，也仅限于取 6－1＝5 次.]

从而 $E_T=\{e_1,e_2,e_3,e_5,e_7\}$，

因此最小生成树为(如右图)

且 $W(T)=1+2+3+5+7=18$.

例 9 假定用于通讯的电文仅由 10 个字母 A、B、C、D、E、F、G、H、I、J 组成，各字母在电文中出现的频数分别为 5、15、12、3、6、10、11、18、16、4，试为这 10 个字母设计哈夫曼编码.

分析 在远距离通讯中，常用 0 和 1 的字符串来传递信息. 在实际应用中，由于字母使用次数或出现频率不同，为了减少信息量，人们希望用较短的序列去表示频繁使用的字母. 哈夫曼码的优点是，任一字符 c_i 的编码不会是另一个 c_j 的编码的前缀，且对给出的文本具有最短的前缀码. 此题应首先求哈夫曼树，再据此写出哈夫曼码.

解 先构造哈夫曼树：

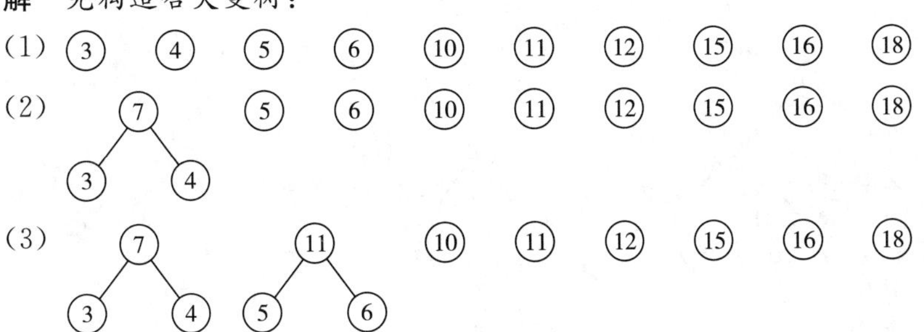

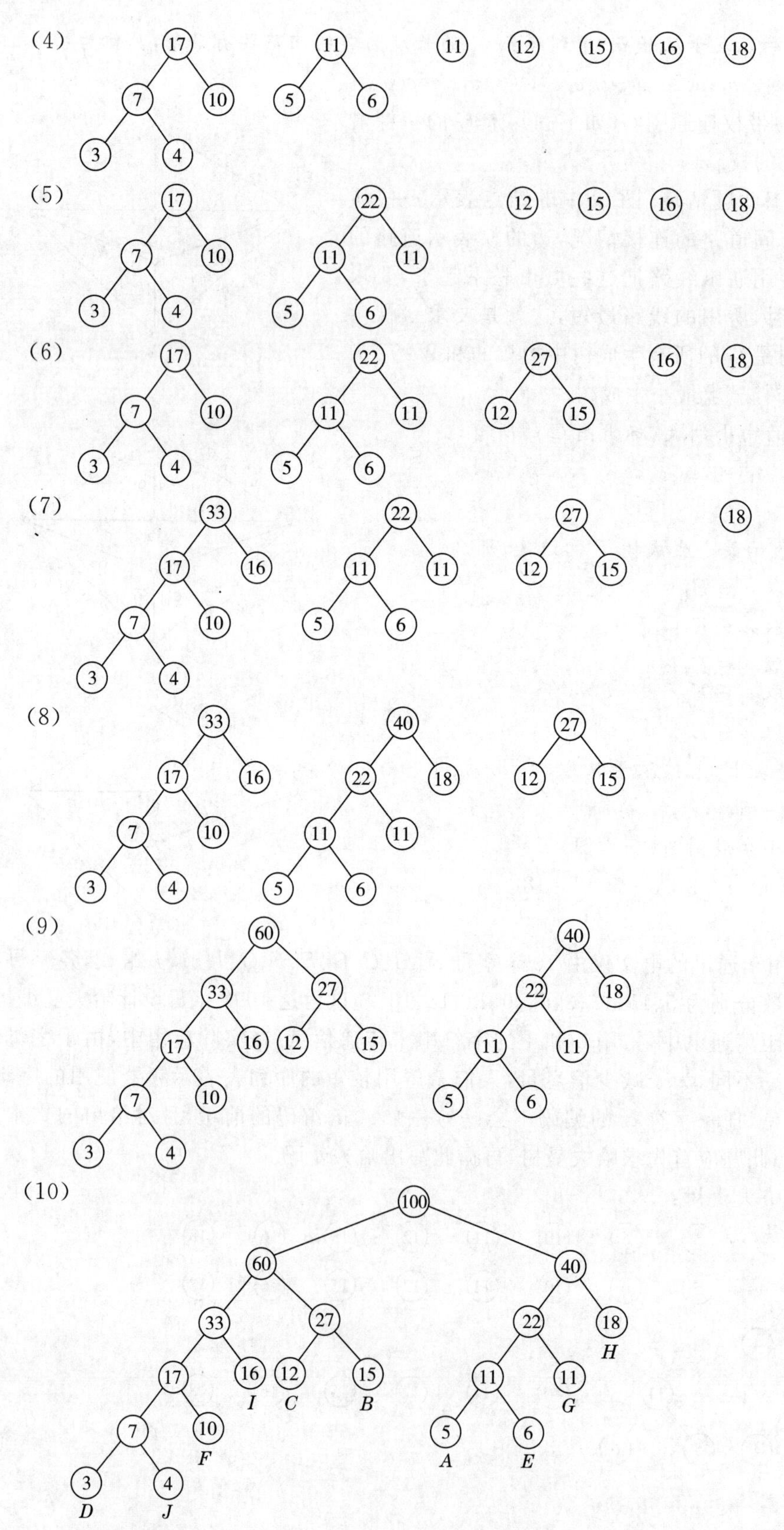

(4)
17 7 10 3 4
11 5 6
11 12 15 16 18
(5)
17 7 10 3 4
22 11 11 5 6
12 15 16 18
(6)
17 7 10 3 4
22 11 11 5 6
27 12 15
16 18
(7)
33 17 16 7 10 3 4
22 11 11 5 6
27 12 15
18
(8)
33 17 16 7 10 3 4
40 22 18 11 11 5 6
27 12 15
(9)
60 33 27 17 16 12 15 7 10 3 4
40 22 18 11 11 5 6
(10)
100 60 40 33 27 22 18 17 16 12 15 11 11 7 10 5 6 3 4
H
I C B G
F A E
D J

再写出哈夫曼码：

A：1000　　B：011　　C：010　　D：00000　　E：1001

F：0001　　G：101　　H：11　　I：001　　J：00001

第8章 概率与统计

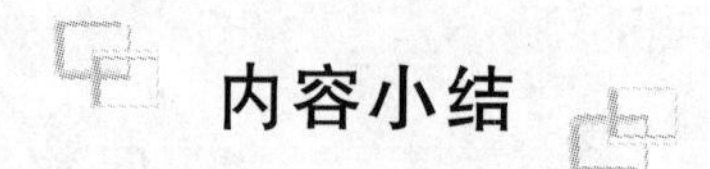

内容小结

一、统计中的特征数

1. 平均数

(1) 均值 $\bar{x}=\frac{1}{n}(x_1+x_2+\cdots+x_n)=\frac{1}{n}\sum\limits_{i=1}^{n}x_i$.

均值性质：

① $\sum\limits_{i=1}^{n}(x_i-\bar{x})=0$.

② 任给一个常数 C，有

$$\sum_{i=1}^{n}(x_i-C)^2\geqslant\sum_{i=1}^{n}(x_i-\bar{x})^2.$$

“=”当且仅当 $C=\bar{x}$ 时成立.

(2) 加权平均数 $\bar{x}=x_1f_1+x_2f_2+\cdots+x_nf_n=\sum\limits_{i=1}^{n}x_if_i$

其中 $\sum\limits_{i=1}^{n}f_i=1$.

2. 中位数、众数

3. 极差

最大值与最小值之差，反映数据的分散程度.

二、随机事件

在随机试验中，可能出现、也可能不出现的结果称为随机事件. 每一个可能出现的不可分解的事件称为基本事件，一般事件是由若干个基本事件组成的；全体基本事件的集合称为样本空间 Ω，必然事件记为 Ω，不可能事件记为 Φ.

事件之间的关系有：包含关系、相等关系、和、积、差、互不相容和逆(对立).

事件的运算规律有：交换律、结合律、分配律和对偶律.

三、随机事件的概率

1. 概率的统计定义

如果在大量重复试验中，事件 A 出现的频率稳定于非负常数 p，则称数 p 为事件 A 发生的概率，记作 $P(A)=p$.

2. 概率的古典定义

设古典概型中的基本事件的总数为 n，事件 A 包含的基本事件数为 m，则事件 A 的概率为

$$P(A)=\frac{A\text{ 所包含的基本事件数}}{\text{基本事件总数}}=\frac{m}{n}.$$

3. 加法公式

对任意两个事件 A,B,有 $P(A+B)=P(A)+P(B)-P(AB)$.

推论1 如果事件 A 与事件 B 互斥,则 $P(A+B)=P(A)+P(B)$.

推论2 对任意三个事件 A,B,C,有

$$P(A+B+C)=P(A)+P(B)+P(C)-P(AB)-P(BC)-P(AC)+P(ABC).$$

推论3 如果事件 $A_1,A_2,\cdots,A_n$ 两两互斥,则

$$P(A_1+A_2+\cdots+A_n)=P(A_1)+P(A_2)+\cdots+P(A_n).$$

推论4 设 A 为任一随机事件,则 $P(\overline{A})=1-P(A)$.

四、条件概率与事件的独立性

1. 条件概率

一般情况下,在事件 A 发生的条件下事件 B 发生的概率(条件概率)为

$$P(B|A)=\frac{P(AB)}{P(A)} \quad (P(A)>0).$$

类似地,有 $P(A|B)=\dfrac{P(AB)}{P(B)} \quad (P(B)>0)$.

2. 乘法公式

积事件的概率等于其中一事件的概率与另一事件在前一事件发生下的条件概率的乘积,即

$$\begin{aligned}P(AB)&=P(A)P(B|A) \quad (P(A)>0)\\&=P(B)P(A|B),\ (P(B)>0).\end{aligned}$$

3. 全概率公式

如果事件组 $A_1,A_2,\cdots,A_n$ 满足:

(1) $A_1,A_2,\cdots,A_n$ 两两互斥,且 $P(A_i)>0 \quad (i=1,2,\cdots,n)$;

(2) $A_1+A_2+\cdots+A_n=\Omega$,

则对任一事件 B,有

$$P(B)=\sum_{i=1}^{n}P(A_i)P(B|A_i).$$

满足条件(1),(2)的事件组 $A_1,A_2,\cdots,A_n$ 称为完备事件组.

4. 事件的独立性

如果事件 A 的发生不影响事件 B 的发生,即 $P(B|A)=P(B)$,则称事件 A 与事件 B 相互独立.

当 $P(A)>0$, $P(B)>0$ 时,事件 A 与 B 相互独立的充分必要条件是 $P(AB)=P(A)P(B)$;若四对事件 A,B;$A,\overline{B}$;$\overline{A},B$;$\overline{A},\overline{B}$ 中有一对是相互独立的,则另外三对也是相互独立的.

5. 伯努利概型

一般地,在 n 次独立试验中,如果 $P(A)=p$,$P(\overline{A})=1-p=q$,则事件 A 恰好发生 k 次的概率为

$$P_n(k)=C_n^k p^k q^{n-k}, \quad (k=0,1,2,\cdots,n).$$

五、随机变量及常见分布

1. 离散型随机变量

设离散型随机变量 X 的取值为 $x_1,x_2,\cdots,x_k,\cdots$，$X$ 取各个可能值的概率为

$$p_k=P\{X=x_k\},\quad k=1,2,\cdots,$$

则称上式为离散型随机变量 X 的概率分布．p_k 有下列性质：

(1) $p_k\geqslant 0$，$k=1,2,\cdots$；　(2) $\sum\limits_{k=1} p_k=1$.

2. 常见的离散型随机变量的分布

(1) 两点分布　$X\sim B(1,p)$.

设随机变量 X 的分布为

$$P(X=1)=p,\quad P(X=0)=1-p\quad(0<p<1),$$

则称 X 服从参数为 p 的两点分布.

(2) 二项分布　$X\sim B(n,p)$.

设随机变量 X 的分布为

$$P(X=k)=C_n^k p^k q^{n-k},\quad(k=0,1,2,\cdots,n;\ 0<p<1,\ q=1-p),$$

则称 X 服从参数 n,p 的二项分布.

当 $n=1$ 时，二项分布就是两点分布.

(3) 泊松分布　$X\sim P(\lambda)$.

设随机变量 X 的分布为

$$P(X=k)=\frac{\lambda^k}{k!}e^{-\lambda},\quad(k=0,1,2,\cdots,n,\cdots;\lambda>0),$$

则称 X 服从参数 λ 的泊松分布.

3. 连续型随机变量

对于随机变量 X，若存在非负可积函数 $p(x)$，使得对于任意实数 a 和 b $(a<b)$，有 $P\{a<X<b\}=\int_a^b p(x)\mathrm{d}x$，则称 X 为连续型随机变量．$p(x)$ 为 X 的概率密度函数，具有以下性质：

(1) $p(x)\geqslant 0$；

(2) $\int_{-\infty}^{+\infty} p(x)\mathrm{d}x=1$；

(3) $P\{a\leqslant X\leqslant b\}=P\{a<X\leqslant b\}=P\{a\leqslant X<b\}$

$$=P\{a<X<b\}=\int_a^b p(x)\mathrm{d}x,\ a\leqslant b.$$

4. 常见的连续型随机变量的分布

(1) 均匀分布　$X\sim U(a,b)$.

设随机变量 X 的概率密度为

$$p(x)=\begin{cases}\dfrac{1}{b-a}, & a\leqslant x\leqslant b,\\ 0, & 其他.\end{cases}$$

则称 X 服从参数为 a,b 的均匀分布，其中 $a<b$.

(2) 指数分布　$X \sim E(\lambda)$.

设随机变量 X 的概率密度为

$$p(x)=\begin{cases}\lambda e^{-\lambda x}, & x>0, \\ 0, & x \leqslant 0.\end{cases} \quad (\lambda>0)$$

则称 X 服从参数为 λ 的指数分布.

(3) 正态分布　$X \sim N(\mu, \sigma^2)$.

设随机变量 X 的概率密度为

$$p(x)=\frac{1}{\sqrt{2\pi} \cdot \sigma} e^{-\frac{(x-\mu)^2}{2\sigma^2}} \quad (-\infty<x<+\infty).$$

其中 μ, σ 为常数且 $\sigma>0$,则称 X 服从参数为 μ, σ^2 的正态分布.

当 $\mu=0, \sigma=1$ 时,相应的分布 $N(0,1)$ 称为标准正态分布,其概率密度为 $\varphi(x)=\frac{1}{\sqrt{2\pi}} e^{-\frac{x^2}{2}}$.

一般地,若随机变量 $X \sim N(\mu, \sigma^2)$,则随机变量 $Y=\frac{X-\mu}{\sigma} \sim N(0,1)$.

六、期望与方差

1. 期望

(1) 设离散型随机变量 X 的概率分布为 $P(X=x_k)=p_k(k=1,2,\cdots,n)$,则 X 的数学期望为 $E(X)=\sum_{k=1}^{n} x_k p_k$;当 X 的可能取值 x_k 可列个时,如果级数 $\sum_{k=1}^{\infty} |x_k| p_k<\infty$,则 X 的数学期望 $E(X)=\sum_{k=1}^{\infty} x_k p_k$,当 $\sum_{k=1}^{\infty} |x_k| p_k=\infty$ 时,则说 X 的数学期望不存在.

(2) 设连续型随机变量 X 的概率密度为 $p(x)$,且 $\int_{-\infty}^{+\infty} |x| p(x) dx<+\infty$,则 X 的数学期望 $E(X)=\int_{-\infty}^{+\infty} x p(x) dx$.

(3) 数学期望的性质:

① $E(C)=C$;　② $E(kX)=kE(X)$;　③ $E(X \pm Y)=E(X) \pm E(Y)$.

2. 方差

设离散型随机变量 X 的概率分布为 $P(X=x_k)=p_k$, $k=1,2,\cdots$,则 X 的方差为

$$D(X)=\sum_{k} [x_k-E(X)]^2 p_k.$$

(2) 设连续型随机变量 X 的概率密度为 $p(x)$,则 X 的方差为

$$D(X)=\int_{-\infty}^{+\infty} [x-E(X)]^2 p(x) dx.$$

(3) $D(X)=E(X^2)-(EX)^2$.

(4) 方差的性质:$D(kX+C)=k^2 D(X)$.

3. 常用分布的期望与方差

(1) 两点分布:$X \sim B(1,p)$,　$E(X)=p$,　$D(X)=p(1-p)$.

(2) 二项分布:$X \sim B(n,p)$,　$E(X)=np$,　$D(X)=np(1-p)$.

(3) 泊松分布:$X \sim P(\lambda)$,　$E(X)=\lambda$,　$D(X)=\lambda$.

(4) 均匀分布：$X \sim U(a,b)$， $E(X)=\frac{a+b}{2}$， $D(X)=\frac{(b-a)^2}{12}$.

(5) 指数分布：$X \sim E(\lambda)$， $E(X)=\frac{1}{\lambda}$， $D(X)=\frac{1}{\lambda^2}$.

(6) 正态分布：$X \sim N(\mu,\sigma^2)$， $E(X)=\mu$， $D(X)=\sigma^2$.

解题指导

例 1 已知事件 A 与 B 满足 $P(AB)=P(\overline{A}\,\overline{B})$，且 $P(A)=p$，求 $P(B)$.

分析 连续运用事件的对偶律、相互对立的事件概率之和为 1 的性质以及概率的加法公式即可求出 $P(B)$.

解 $P(AB)=P(\overline{A}\,\overline{B})=P(\overline{A+B})=1-P(A+B)=1-[P(A)+P(B)-P(AB)]$

$=1-P(A)-P(B)+P(AB)$，

即 $P(AB)=1-P(A)-P(B)+P(AB)$，

$0=1-P(A)-P(B)$，

$\therefore P(B)=1-P(A)=1-p$.

例 2 某种产品的商标为“MAXAM”，其中有 2 个字母脱落，有人捡起随意放回，求放回后仍为“MAXAM”的概率.

分析 分别考虑两种情况：当脱落的 2 个字母相同时，放回单词不变的概率为 1；当2 个字母不相同时，放回单词不变的概率为$\frac{1}{2}$. 运用全概率公式计算事件的概率.

解 设 A={字母放回后仍为“MAXAM”}，

则 $P(A)=\frac{2}{C_5^2}\times 1+\left(1-\frac{2}{C_5^2}\right)\times\frac{1}{2}=\frac{3}{5}$.

例 3 甲、乙、丙 3 人同时对一架敌机进行射击。每人击中敌机的概率均为 0.4. 如果有一人击中，则敌机被击落的概率为 0.2；如果有二人击中，则敌机被击落的概率为 0.6；如果三人都击中，则敌机一定被击落. 求敌机被击落的概率.

分析 甲、乙、丙三人中只有一人击中敌机的概率为 $3\times 0.4\,(0.6)^2$；有二人击中敌机的概率为 $3\times(0.4)^2 0.6$；三人都击中敌机的概率为 $(0.4)^3$.

解 设 A={敌机被击落}，

则 $P(A)=3\times 0.4\,(0.6)^2\times 0.2+3\times(0.4)^2 0.6\times 0.6+(0.4)^3\times 1=0.3232$.

例 4 证明：如果事件 A 与 B 相互独立，那么事件 A 与$\overline{B}$也相互独立.

分析 要证明事件 A 与$\overline{B}$相互独立，只需证明 $P(A\overline{B})=P(A)P(\overline{B})$. 由条件可知 A 与 B 相互独立，即 $P(AB)=P(A)P(B)$. 注意到 $AB+A\overline{B}=A$，从而将事件 AB 和事件 $A\overline{B}$联系起来.

证明 $\because$ 事件 A 与 B 相互独立，$\therefore P(AB)=P(A)P(B)$.

又 $A=A\Omega=A(B+\overline{B})=AB+A\overline{B}$，

显然事件 AB 和 $A\overline{B}$ 互斥，

$\therefore P(A)=P(AB+A\overline{B})=P(AB)+P(A\overline{B})$，

$$P(A\overline{B})=P(A)-P(AB)=P(A)-P(A)P(B)$$
$$=P(A)[1-P(B)]=P(A)P(\overline{B}),$$

即 $P(A\overline{B})=P(A)P(\overline{B})$，

∴事件 A 与 $\overline{B}$ 也相互独立.

例 5 设随机变量 X 服从参数为 $(2,p)$ 的二项分布，随机变量 Y 服从参数为 $(3,p)$ 的二项分布，若 $P(X\geqslant 1)=\dfrac{5}{9}$，求 $P(Y\geqslant 1)$.

分析 离散型随机变量 X 满足参数为 (n,p) 二项分布，则 X 的概率分布为

$$P(X=k)=C_n^k p^k(1-p)^{n-k}(k=0,1,2\cdots n).$$

解 ∵$X\sim B(2,p)$

∴$P(X=k)=C_2^k p^k(1-p)^{2-k}(k=0,1,2)$.

由 $P(X\geqslant 1)=1-P(X=0)=\dfrac{5}{9}$，

得 $P(X=0)=(1-p)^2=1-\dfrac{5}{9}=\dfrac{4}{9}$，

∴$p=\dfrac{1}{3}$.

∵$Y\sim B(3,\dfrac{1}{3})$，

∴$P(Y=k)=C_3^k\left(\dfrac{1}{3}\right)^k\left(\dfrac{2}{3}\right)^{3-k}$，$(k=0,1,2,3)$

∴$P(Y\geqslant 1)=1-P(Y=0)=1-\left(\dfrac{2}{3}\right)^3=\dfrac{19}{27}$.

例 6 设连续型随机变量 $X\sim N(2,\sigma^2)$，且 $P(X<0)=0.1$，求 $P(2<X<4)$.

分析 满足一般正态分布的随机变量的概率计算往往都要转化为标准正态分布 $N(0,1)$ 来计算，即若 $X\sim N(\mu,\sigma^2)$，则 $Y=\dfrac{X-\mu}{\sigma}\sim N(0,1)$.

解 ∵$X\sim N(2,\sigma^2)$，设 $Y=\dfrac{X-2}{\sigma}$，显然 $Y\sim N(0,1)$.

∵$P(X<0)=0.1$，∴$P\left(\dfrac{X-2}{\sigma}<\dfrac{0-2}{\sigma}\right)=0.1$，即 $P\left(Y<-\dfrac{2}{\sigma}\right)=\Phi\left(-\dfrac{2}{\sigma}\right)=0.1$

∴$\Phi\left(\dfrac{2}{\sigma}\right)=1-\Phi\left(-\dfrac{2}{\sigma}\right)=0.9$.

∴$P(2<X<4)=P\left(\dfrac{2-2}{\sigma}<\dfrac{X-2}{\sigma}<\dfrac{4-2}{\sigma}\right)=P\left(0<Y<\dfrac{2}{\sigma}\right)$

$$=\Phi\left(\frac{2}{\sigma}\right)-\Phi(0)=0.9-0.5=0.4.$$

例 7 设随机变量 X 在 $[1,6]$ 上服从均匀分布，现对 X 进行三次独立观测，试求至多有一次观测值大于 3 的概率.

分析 首先要求出随机变量 X 大于 3 的概率 p，再将对 X 进行三次独立观测中观测值

大于 3 的次数设为随机变量 Y，而 Y 满足参数为$(3,\frac{3}{5})$的二项分布.

解 $\because X\sim U(1,6)$，$\therefore X$ 的概率密度为

$$p(x)=\begin{cases}\frac{1}{5},\ 1\leqslant x\leqslant 6,\\ 0,\quad 其他.\end{cases}$$

$$\therefore P(X>3)=\int_3^{+\infty}p(x)\mathrm{d}x=\int_3^6\frac{1}{5}\mathrm{d}x=\left(\frac{1}{5}x\right)\Big|_3^6=\frac{3}{5}.$$

设随机变量 Y 表示对 X 进行三次独立观测中观测值大于 3 的次数，

显然 $Y\sim B\left(3,\frac{3}{5}\right)$，

$$P(Y=k)=C_3^k\left(\frac{3}{5}\right)^k\left(\frac{2}{5}\right)^{3-k},(k=0,1,2,3)$$

$$\therefore P(Y\leqslant 1)=P(Y=0)+P(Y=1)=\left(\frac{2}{5}\right)^3+C_3^1\left(\frac{3}{5}\right)^1\left(\frac{2}{5}\right)^2=\frac{44}{125}.$$

例 8 设 X 表示 10 次独立重复射击命中目标的次数，单次射击命中目标的概率为 0.6，求 $E[X(X-1)]$.

分析 熟悉二项分布的数学期望和方差公式的同时要注意到方差 $D(X)=E(X^2)-(EX)^2$ 可以转换为 $E(X^2)=D(X)+(EX)^2$.

解 由题意可知，$X\sim B(10,0.6)$

$\therefore E(X)=np=10\times 0.6=6$，

$D(X)=np(1-p)=10\times 0.6\times 0.4=2.4$.

$\because D(X)=E(X^2)-(EX)^2$，

$\therefore E(X^2)=D(X)+(EX)^2$.

$$\begin{aligned}E[X(X-1)]&=E(X^2-X)=E(X^2)-E(X)=D(X)+(EX)^2-E(X)\\&=2.4+6^2-6=32.4.\end{aligned}$$

例 9 已知随机变量 X 的概率密度为

$$p(x)=\begin{cases}2x,0<x<1,\\ 0,\quad 其他,\end{cases}$$

试求 $E(X)$，$E(X^2+2X)$，$D(X)$.

分析 要熟悉连续型随机变量及其函数数学期望的运算公式以及数学期望的性质.

解 $$E(X)=\int_{-\infty}^{+\infty}xp(x)\mathrm{d}x=\int_0^1x2x\mathrm{d}x=\int_0^12x^2\mathrm{d}x=\left(\frac{2}{3}x^3\right)\Big|_0^1=\frac{2}{3},$$

$$E(X^2)=\int_{-\infty}^{+\infty}x^2p(x)\mathrm{d}x=\int_0^1x^22x\mathrm{d}x=\int_0^12x^3\mathrm{d}x=2\left(\frac{1}{4}x^4\right)\Big|_0^1=\frac{1}{2},$$

$$\therefore E(X^2+2X)=E(X^2)+2E(X)=\frac{1}{2}+2\times\frac{2}{3}=\frac{11}{6},$$

$$D(X)=E(X^2)-(EX)^2=\frac{1}{2}-\left(\frac{2}{3}\right)^2=\frac{1}{18}.$$

例 10 对球的直径做近似测量，其值均匀地分布在区间$[a,b]$上，试求球体积的数学期望.

分析 设球体积为V，则$V=\frac{4}{3}\pi\left(\frac{X}{2}\right)^3=\frac{\pi}{6}X^3$. 运用连续型随机变量函数的数学期望公式代入计算即可.

解 设随机变量X表示球直径的测量值，则$X\sim U(a,b)$

$\therefore X$的概率密度为

$$p(x)=\begin{cases}\frac{1}{b-a},a\leqslant x\leqslant b,\\ 0, \quad 其他,\end{cases}$$

设随机变量V表示球的体积，显然$V=\frac{4}{3}\pi\left(\frac{X}{2}\right)^3=\frac{\pi}{6}X^3$，

$$\begin{aligned}E(V)&=E\left(\frac{\pi}{6}X^3\right)=\int_{-\infty}^{+\infty}\frac{\pi}{6}x^3p(x)\mathrm{d}x=\int_a^b\frac{\pi}{6}x^3\frac{1}{b-a}\mathrm{d}x\\&=\frac{\pi}{6(b-a)}\int_a^b x^3\mathrm{d}x=\frac{\pi}{6(b-a)}\left(\frac{1}{4}x^4\right)\Bigg|_a^b\\&=\frac{\pi}{6(b-a)}\left(\frac{1}{4}b^4-\frac{1}{4}a^4\right)=\frac{\pi}{24}(b+a)(b^2+a^2)\end{aligned}$$

第9章 级 数

内容小结

一、常数项级数

1. 常数项级数 $\sum\limits_{n=1}^{\infty} U_n$ 收敛充分必要条件

$$\lim_{n\to\infty} S_n = S.$$

2. 级数收敛的必要条件

如果级数 $\sum\limits_{n=1}^{\infty} U_n$ 收敛,则 $\lim\limits_{n\to\infty} U_n = 0$,反之不真.

3. 级数的基本性质

(1) 若 $\sum\limits_{n=1}^{\infty} U_n$, $\sum\limits_{n=1}^{\infty} V_n$ 都收敛,则 $\sum\limits_{n=1}^{\infty}(U_n \pm V_n)$ 也收敛,且 $\sum\limits_{n=1}^{\infty}(U_n \pm V_n) = \sum\limits_{n=1}^{\infty} U_n \pm \sum\limits_{n=1}^{\infty} V_n$.

(2) 若 $\sum\limits_{n=1}^{\infty} U_n$ 收敛,C 为常数,则 $\sum\limits_{n=1}^{\infty} CU_n$ 也收敛,且 $\sum\limits_{n=1}^{\infty} CU_n = C\sum\limits_{n=1}^{\infty} U_n$.

(3) 常数项级数审敛法.

		条　　件		结　　论
正项级数	比　较判别法	$U_n \leqslant V_n$	$\sum\limits_{n=1}^{\infty} V_n$ 收敛	$\sum\limits_{n=1}^{\infty} U_n$ 也收敛
			$\sum\limits_{n=1}^{\infty} U_n$ 发散	$\sum\limits_{n=1}^{\infty} V_n$ 也发散
	比　值判别法	$\lim\limits_{n\to\infty} \frac{U_{n+1}}{U_n} = l$	$l < 1$	$\sum\limits_{n=1}^{\infty} U_n$ 收敛
			$l > 1$	$\sum\limits_{n=1}^{\infty} U_n$ 发散
交错级数	莱布尼兹判别法	$U_1 \geqslant U_2 \geqslant U_3 \geqslant \cdots$ $\lim\limits_{n\to\infty} U_n = 0$		$\sum\limits_{n=1}^{\infty} (-1)^n U_n$ 收敛

4. 几个重要级数敛散性

(1)等比级数:$\sum\limits_{n=1}^{\infty} aq^{n-1}(a \neq 0)$,$|q|<1$ 时收敛,和 $S=\frac{a}{1-q}$;$|q|\geqslant 1$ 时发散.

(2) P 级数:$\sum\limits_{n=1}^{\infty} \frac{1}{n^P}$,$P>1$ 时收敛,$P\leqslant 1$ 时发散.

(3) $\sum_{n=1}^{\infty}(-1)^{n-1}\frac{1}{n}$条件收敛.

二、幂级数

1. 幂级数 $\sum_{n=0}^{\infty}a_nx^n\left(\text{或}\sum_{n=0}^{\infty}a_n(x-x_0)^n\right)$的收敛半径$R$及收敛域

(1) 收敛半径R的计算公式

$$R=\lim_{n\to\infty}\left|\frac{a_n}{a_{n+1}}\right|.$$

(2) 收敛域

① $\sum_{n=0}^{\infty}a_nx^n$ 在$(-R,R)$内绝对收敛,在$|x|=R$处的敛散性要具体判定;

② $\sum_{n=0}^{\infty}a_n(x-x_0)^n$ 在(x_0-R,x_0+R)内绝对收敛,在 $x=x_0\pm R$ 处的敛散性要具体判定.

2. 常见几个基本初等函数幂级数展开式

(1) $\frac{1}{1-x}=1+x+x^2+\cdots+x^n+\cdots \qquad x\in(-1,1)$;

(2) $e^x=1+x+\frac{x^2}{2!}+\cdots+\frac{x^n}{n!}+\cdots \qquad x\in(-\infty,+\infty)$;

(3) $\sin x=x-\frac{x^3}{3!}+\frac{x^5}{5!}-\cdots+(-1)^{n-1}\frac{x^{2n-1}}{(2n-1)!}+\cdots \qquad x\in(-\infty,+\infty)$;

(4) $\cos x=1-\frac{x^2}{2!}+\frac{x^4}{4!}-\cdots+(-1)^n\frac{x^{2n}}{(2n)!}+\cdots \qquad x\in(-\infty,+\infty)$;

(5) $\ln(1+x)=x-\frac{x^2}{2}+\frac{x^3}{3}-\frac{x^4}{4}+\cdots+(-1)^{n-1}\frac{x^n}{n}+\cdots \qquad x\in(-1,1]$;

(6) $(1+x)^\alpha=1+\alpha x+\frac{\alpha(\alpha-1)}{2!}x^2+\frac{\alpha(\alpha-1)(\alpha-2)}{3!}x^3+\cdots$

$+\frac{\alpha(\alpha-1)\cdots(\alpha-n+1)}{n!}x^n+\cdots \qquad x\in(-1,1)$.

三、傅里叶级数

如果 $f(x)$是以 2π 为周期的函数,则三角级数

$$\frac{a_0}{2}+\sum_{n=1}^{\infty}(a_n\cos nx+b_n\sin x)$$

称为 $f(x)$的傅里叶级数,其中

$$a_n=\frac{1}{\pi}\int_{-\pi}^{\pi}f(x)\cos nx,\quad (n=0,1,2,\cdots)$$

$$b_n=\frac{1}{\pi}\int_{-\pi}^{\pi}f(x)\sin nx,\quad (n=0,1,2,\cdots)$$

称为 $f(x)$的傅里叶系数.

1. 傅里叶级数的收敛性

设 $f(x)$是以 2π 为周期的函数,在一个周期内满足狄利克雷条件:连续或仅有有限个第一类间断点和有限个极值点,则 $f(x)$的傅里叶级数收敛,并且它的和函数 $s(x)$为:

$$s(x)=\frac{a_0}{2}+\sum_{n=1}^{\infty}(a_n\cos nx+b_n\sin x)$$
$$=\begin{cases}f(x), & x\text{为}f(x)\text{的连续点},\\ \dfrac{f(x+0)+f(x-0)}{2}, & x\text{为}f(x)\text{的间断点}.\end{cases}$$

2. 正弦级数与余弦级数

(1) 正弦级数:对于周期为 2π 的奇函数,其傅里叶系数为

$$a_n=0,\quad b_n=\frac{2}{\pi}\int_0^{\pi}f(x)\sin nx\mathrm{d}x,$$

$f(x)$的傅里叶级数 $\sum_{n=1}^{\infty}b_n\sin nx$ 只有正弦项.

(2) 余弦级数:对于周期为 2π 的偶函数,其傅里叶系数为

$$a_n=\frac{2}{\pi}\int_0^{\pi}f(x)\cos nx\mathrm{d}x,\quad b_n=0,$$

$f(x)$的傅里叶级数$\frac{a_0}{2}+\sum_{n=1}^{\infty}a_n\cos nx$ 只有余弦项.

解题指导

例 1 $\left(\frac{1}{2}+\frac{1}{3}\right)+\left(\frac{1}{4}+\frac{1}{9}\right)+\left(\frac{1}{8}+\frac{1}{27}\right)+\cdots+\left(\frac{1}{2^n}+\frac{1}{3^n}\right)+\cdots.$

分析 此题是两个几何级数之和的问题,用到等比数列前 n 项和的求和公式,$S_n=\frac{a(1-q^n)}{1-q}$.

解

$$S_n=\left(\frac{1}{2}+\frac{1}{3}\right)+\left(\frac{1}{4}+\frac{1}{9}\right)+\left(\frac{1}{8}+\frac{1}{27}\right)+\cdots+\left(\frac{1}{2^n}+\frac{1}{3^n}\right)=\frac{\frac{1}{2}\left(1-\frac{1}{2^n}\right)}{1-\frac{1}{2}}+\frac{\frac{1}{3}\left(1-\frac{1}{3^n}\right)}{1-\frac{1}{3}},$$

$$\lim_{n\to\infty}S_n=1+\frac{1}{2}=\frac{3}{2},$$

此级数收敛.

例 2 判别级数$\frac{1}{2}+\frac{1}{5}+\frac{1}{10}+\cdots+\frac{1}{n^2+1}+\cdots$的敛散性.

分析 此题用“比较法”解题,但要知道 P-级数 $\sum_{n=1}^{\infty}\frac{1}{n^2}$ 是收敛的且作为结论使用.

解

$$n^2+1>n^2,\ \frac{1}{n^2+1}<\frac{1}{n^2},$$

$\because\sum_{n=1}^{\infty}\frac{1}{n^2}$ 是收敛的 ,$\therefore\sum_{n=1}^{\infty}\frac{1}{n^2+1}$ 也是收敛的.

例 3 判别级数 $\sum_{n=1}^{\infty}2^n\sin\frac{\pi}{3^n}$ 的敛散性.

分析 此题比较复杂,用到两个知识点,一是当 x 很小时,有 $\sin x<x$,二是几何级数的敛散性问题,当$|q|<1$ 时,级数是收敛的.

解

$$2^n\sin\frac{\pi}{3^n}\leqslant 2^n\cdot\frac{\pi}{3^n}=\left(\frac{2}{3}\right)^n\pi, q=\frac{2}{3}<1$$

所以，$\sum\limits_{n=1}^{\infty}\left(\frac{2}{3}\right)^n$ 是收敛的，$\sum\limits_{n=1}^{\infty}\left(\frac{2}{3}\right)^n\pi$ 也是收敛的，

即级数 $\sum\limits_{n=1}^{\infty}2^n\sin\frac{\pi}{3^n}$ 是收敛的.

例 4 用比值法判别级数 $\sum\limits_{n=1}^{\infty}\frac{3^n n!}{n^n}$ 的敛散性.

分析 计算 $l=\lim\limits_{n\to\infty}\left|\frac{U_{n+1}}{U_n}\right|$，$l<1$ 时收敛，$l>1$ 时发散.

解

$$l=\lim_{n\to\infty}\left|\frac{U_{n+1}}{U_n}\right|=\lim_{n\to\infty}\frac{\frac{3^{n+1}(n+1)!}{(n+1)^{n+1}}}{\frac{3^n n!}{n^n}}=3\cdot\lim_{n\to\infty}\frac{1}{\left(1+\frac{1}{n}\right)^n}=\frac{3}{\mathrm{e}}>1,$$

所以，级数 $\sum\limits_{n=1}^{\infty}\frac{3^n n!}{n^n}$ 发散.

例 5 求幂级数 $\sum\limits_{n=1}^{\infty}(-1)^{n-1}\cdot\frac{(x+1)^n}{n}$ 的收敛区间.

分析 知识点有：收敛半径 R，$l=\lim\limits_{n\to\infty}\left|\frac{a_{n+1}}{a_n}\right|$，$R=\frac{1}{l}$.

解

$$l=\lim_{n\to\infty}\left|\frac{a_{n+1}}{a_n}\right|=\lim_{n\to\infty}\left|\frac{\frac{(-1)^n}{n+1}}{\frac{(-1)^{n-1}}{n}}\right|=1，收敛半径 R=1,$$

$x+1=1$，$x=0$；$x+1=-1$，$x=-2$；

$x=0$ 时，$\sum\limits_{n=1}^{\infty}(-1)^{n-1}\cdot\frac{1}{n}$ 是交错级数，收敛；

$x=-2$ 时，$\sum\limits_{n=1}^{\infty}(-1)^{n-1}\cdot\frac{(-1)^n}{n}=\sum\limits_{n=1}^{\infty}\frac{(-1)^{2n-1}}{n}=-\sum\limits_{n=1}^{\infty}\frac{1}{n}$ 是调和级数，发散.

所以，收敛区间为 $(-2,0]$

例 6 求级数 $\sum\limits_{n=1}^{\infty}nx^n$ 的和函数及和函数的定义域.

分析 求级数和函数一般用逐项微分或积分的方法，本题要先提取 x，然后再用此方法.

解

设 $S(x)=\sum\limits_{n=1}^{\infty}nx^n=x(1+2x+3x^2+\cdots+nx^{n-1}+\cdots)$，

又设 $f(x)=1+2x+3x^2+\cdots+nx^{n-1}+\cdots$，

$\int_0^x f(x)\mathrm{d}x=\sum\limits_{n=1}^{\infty}\int_0^x nx^{n-1}\mathrm{d}x=\frac{x}{1-x}$，$x\in(-1,1)$，

上式两端求导得 $f(x)=\frac{1}{(1-x)^2}$，

所以，$S(x)=\frac{x}{(1-x)^2}$，$x\in(-1,1)$.

例 7 将函数 $f(x)=\dfrac{1}{x^2+3x+2}$展成 $x+4$ 的幂级数.

分析 利用间接方法,此题用到公式

$$\frac{1}{1-x}=1+x+x^2+\cdots+x^n+\cdots, x\in(-1,1),$$

先将函数 $f(x)=\dfrac{1}{x^2+3x+2}$变形,用上述公式展成 $x+4$ 的幂级数.

解

$$f(x)=\frac{1}{x^2+3x+2}=\frac{1}{(x+1)(x+2)}=\frac{1}{x+1}-\frac{1}{x+2}=\frac{\frac{1}{2}}{1-\frac{x+4}{2}}-\frac{\frac{1}{3}}{1-\frac{x+4}{3}}$$

所以,$f(x)=\sum\limits_{n=0}^{\infty}\left(\dfrac{1}{2^{n+1}}-\dfrac{1}{3^{n+1}}\right)(x+4)^n$, $x\in(-5,-3)$.

例 8 将函数 $f(x)=\ln x$ 展成 $x-1$ 的幂级数.

分析 利用间接方法,此题用到公式

$$\ln(1+x)=x-\frac{x^2}{2}+\frac{x^3}{3}-\cdots+(-1)^{n-1}\cdot\frac{x^n}{n}+\cdots, x\in(-1,1],$$

将函数展成幂级数.

解 $\ln x=\ln[1+(x-1)]$

$$=(x-1)-\frac{(x-1)^2}{2}+\frac{(x-1)^3}{3}-\cdots+(-1)^{n-1}\cdot\frac{(x-1)^n}{n}+\cdots, x\in(0,2].$$

第10章　拉普拉斯变换

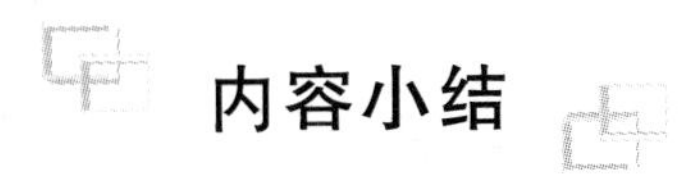

内容小结

一、拉氏变换的定义

设函数 $f(t)$当 $t\geqslant 0$ 时有定义，若广义积分 $\int_0^{+\infty} f(t)e^{-st}dt$ 在 s 的某一区域内收敛，则此积分所确定的复变量 s 的函数，记为 $F(s)$，即

$$F(s)=\int_0^{+\infty} f(t)e^{-st}dt,$$

称为函数 $f(t)$的拉普拉斯变换，记为

$$L[f(t)]=F(s).$$

二、拉普拉斯变换性质(见表 10-1)

表 10-1　拉氏变换的性质

	设 $L[f(t)]=F(s)$
1	$L[\alpha f_1(t)+\beta f_2(t)]=\alpha L[f_1(t)]+\beta L[f_2(t)]$
2	$L[e^{at}f(t)]=F(s-a)$
3	$L[f(t-a)]=e^{-as}F(s)\quad (a>0)$
4	$L[f'(t)]=sF(s)-f(0)$ $L[f^{(n)}(t)]=s^nF(s)-s^{n-1}f(0)-s^{n-2}f'(0)-\cdots-f^{(n-1)}(0)$
5	$L\left[\int_0^t f(t)dt\right]=\frac{1}{s}F(s)$
6	$L[f(at)]=\frac{1}{a}F\left(\frac{s}{a}\right)$
7	$L[t^nf(t)]=(-1)^nF^{(n)}(s)$
8	$L\left[\frac{f(t)}{t}\right]=\int_s^{+\infty}F(s)dt$

三、常用函数的拉普拉斯变换(见表 10-2)

表 10-2　常用函数的拉氏变换表

	$f(t)$	$F(s)$		$f(t)$	$F(s)$
1	1	$\frac{1}{s}$	11	$\cos(kt+\varphi)$	$\frac{s\cos\varphi-k\sin\varphi}{s^2+k^2}$
2	t	$\frac{1}{s^2}$	12	$t\sin kt$	$\frac{2ks}{(s^2+k^2)}$
3	$t^n \quad (n=1,2,\cdots)$	$\frac{n!}{s^{n+1}}$	13	$\sin kt-kt\cos kt$	$\frac{2k^3}{(s^2+k^2)^2}$
4	e^{at}	$\frac{1}{s-a}$	14	$t\cos kt$	$\frac{s^2-k^2}{(s^2+k^2)^2}$
5	$1-e^{-at}$	$\frac{a}{s(s+a)}$	15	$e^{-at}\sin kt$	$\frac{k}{(s+a)^2+k^2}$
6	te^{at}	$\frac{1}{(s-a)^2}$	16	$e^{-at}\cos kt$	$\frac{s+a}{(s+a)^2+k^2}$
7	$t^n e^{at} \quad (n=1,2,\cdots)$	$\frac{n!}{(s-a)^{n+1}}$	17	$\frac{1}{a^2}(1-\cos at)$	$\frac{1}{s(s^2+a^2)}$
8	$\sin kt$	$\frac{k}{s^2+k^2}$	18	$e^{at}-e^{bt}$	$\frac{a-b}{(s-a)(s-b)}$
9	$\cos kt$	$\frac{s}{s^2+k^2}$	19	$2\sqrt{\frac{t}{\pi}}$	$\frac{1}{s\sqrt{s}}$
10	$\sin(kt+\varphi)$	$\frac{s\sin\varphi+k\cos\varphi}{s^2+k^2}$	20	$\frac{1}{\sqrt{\pi t}}$	$\frac{1}{\sqrt{s}}$

解题指导

例 1　求函数 $f(t)=\begin{cases}3, 0\leqslant t\leqslant 2\\ -1, 2\leqslant t<4\\ 0, t\geqslant 4\end{cases}$ 的拉氏变换式.

分析　根据拉氏变换的定义.

解

$$L[f(t)]=\int_0^{+\infty} f(t)e^{-st}dt=\int_0^2 3e^{-st}dt-\int_2^4 1e^{-st}dt+\int_4^{+\infty} 0e^{-st}dt$$

$$=\frac{1}{s}(3-4e^{-2s}+e^{-4s})$$

例 2　求函数 $f(t)=\frac{\sin t}{t}$ 的拉普拉斯变换.

分析　利用像函数的积分性质求解.

解　由像函数的积分性质可得

$$L\left[\frac{\sin t}{t}\right]=\int_s^{+\infty} L[\sin u]du=\int_s^{+\infty}\frac{1}{u^2+1}du=\arctan u\Big|_s^{+\infty}=\frac{\pi}{2}-\arctan s.$$

例 3 求函数 $f(t)=5\sin 2t-2\cos 2t$ 的拉普拉斯变换.

分析 利用拉氏变换的线性性质求解.

解 由拉氏变换的线性性质可得

$$L[f(t)]=5L[\sin 2t]-2L[\cos 2t],$$

又因为 $L[\sin 2t]=\dfrac{2}{s^2+4}$, $L[\cos 2t]=\dfrac{s}{s^2+4}$

所以有 $L[f(t)]=5L[\sin 2t]-2L[\cos 2t]=\dfrac{10}{s^2+4}-\dfrac{2s}{s^2+4}=\dfrac{10-2s}{s^2+4}$.

例 4 求 $F(s)=\dfrac{2s+5}{s^2+2s+2}$的拉氏逆变换.

分析 利用拉氏逆变换的线性性质求解.

解

$$\begin{aligned}f(s)&=L^{-1}\left[\frac{2s+5}{s^2+2s+2}\right]=L^{-1}\left[\frac{2(s+1)+3}{(s+1)^2+1}\right]\\&=2L^{-1}\left[\frac{s+1}{(s+1)^2+1}\right]+3L^{-1}\left[\frac{1}{(s+1)^2+1}\right]\\&=2e^{-t}\cos t+3e^{-t}\sin t.\end{aligned}$$

例 5 求 $F(s)=\dfrac{1}{(s-3)^3}$的拉氏逆变换.

分析 利用拉氏逆变换的位移性质求解.

解 $f(s)=L^{-1}[\dfrac{1}{(s-3)^3}]=e^{3t}L^{-1}[\dfrac{1}{s^3}]=\dfrac{e^{3t}}{2}L^{-1}[\dfrac{2}{s^3}]=\dfrac{1}{2}t^2e^{3t}$.

例 6 求微分方程 $y'+2y=0$ 满足初值条件 $y(0)=3$ 的解.

分析 常系数线性微分方程可以采用变量分离法或者拉氏变换法,本题采用拉氏变换法求解.

解 设 $L[y(t)]=Y(s)$,对方程两端取拉氏变换

$$L[y'+2y]=L[0],$$

可得

$$sY(s)-y(0)+2Y(s)=0,$$
$$sY(s)+2Y(s)=3,$$

即

$$Y(s)=\frac{3}{s+2}.$$

再取像函数的拉氏逆变换可得

$$y(t)=L^{-1}\left[\frac{3}{s+2}\right]=3e^{-2t}$$

所以方程的解为

$$y(t)=3e^{-2t}.$$

例 7 求微分方程 $y''+4y=0,t>0$ 满足初值条件 $y(0)=-2,y'(0)=4$ 的解.

解 设 $L[y(t)]=Y(s)$,对方程两端取拉氏变换

$$L[y''+4y]=L[0],$$

可得

$$s^2Y(s)-sy(0)-y'(0)+4Y(s)=0.$$

将初始条件带入上式得到像函数的代数方程

$$s^2Y(s)+2s-4+4Y(s)=0,$$

即

$$Y(s)=\frac{4-2s}{s^2+4},$$

再取像函数的拉氏逆变换可得

$$Y(s)=-2s\cos 2t+2\sin 2t.$$

高职高等数学基础综合测试题(1)

题号	一	二	三	四	总分
得分					

一、单项选择题(本大题共 5 小题,每小题 2 分,共 10 分)

1. 函数 $f(x)=\ln(2x-1)$ 的连续区间是(　　).

   A. $[0,+\infty)$　　B. $\left(\frac{1}{2},+\infty\right)$　　C. $(-1,2)$　　D. $(-\infty,-1)\cup(2,+\infty)$

2. 当 $x\to 0$ 时,下列变量不是无穷小的是(　　).

   A. $\ln(1+3x)$　　B. x^2　　C. $\frac{\sin x}{x}$　　D. $1-\cos x$

3. 设 $y=\cot x$,则 $y'=$(　　).

   A. $\tan x$　　B. $\csc x$　　C. $-\csc^2 x$　　D. $-\csc x\cdot\cot x$

4. 设 $f(x)$ 是可积函数,则 $\left[\int f(x)\mathrm{d}x\right]'$ 为(　　).

   A. $f(x)$　　B. $f(x)+C$　　C. $f'(x)$　　D. $f'(x)+C$

5. 下列积分值为零的是(　　).

   A. $\int_{-1}^{1}\frac{e^x-e^{-x}}{2}\mathrm{d}x$　　B. $\int_{-1}^{1}\frac{e^x+e^{-x}}{2}\mathrm{d}x$　　C. $\int_{-1}^{1}(x^2+x^3)\mathrm{d}x$　　D. $\int_{-\pi}^{\frac{\pi}{2}}\cos x e^{\sin x}\mathrm{d}x$

二、填空题(本大题共 5 小题,每小题 2 分,共 10 分)

6. 设 $f(x)=e$, 则 $f(x+1)-f(x)=$ ________.

7. $\lim\limits_{x\to 0}x\sin\frac{1}{x}=$ ________.

8. $\mathrm{d}(3x^2+1)=$ ________ $\mathrm{d}x$.

9. $\int\sin x\mathrm{d}x=$ ________.

10. $\int_a^b\mathrm{d}x=$ ________.

三、计算题(本大题共 10 题,每小题 5 分,共 50 分)

11. $\lim\limits_{x\to\frac{1}{2}}\frac{4x^2-1}{2x-1}$.

12. $\lim\limits_{x\to 0}\frac{\sin 5x}{\tan 3x}$.

13. $\lim\limits_{x\to 0}(1+x)^{\frac{3}{x}}$.

14. $y=2x^3+x\sin x$,求 y'.

15. $y=\frac{\ln x}{x^2}$,求 y'.

16. $y = \ln\sin x$，求 dy.

17. $\int\left(x^2 + \frac{1}{1+x^2} - e^x\right)dx$.

18. $\int \frac{\ln x}{x}dx$.

19. $\int_0^1 x e^{-x}dx$.

20. 求 $y' + 2y = 0$ 的通解.

四、应用解答题(本大题共 3 小题,每小题 10 分,共 30 分)

21. 求 $y = 2\sin x + x^2$ 上横坐标为 $x = 0$ 处的切线方程和法线方程.

22. 求曲线 $y=x^2$ 和 $y = \sqrt{x}$ 所围成的图形的面积(要求作图).

23. 求 $f(x) = x^3 - 3x^2 - 9x + 5$ 的单调性和极值.

高职高等数学基础综合测试题(2)

题号	一	二	三	四	总分
得分					

一、单项选择题(本大题共 5 小题,每小题 2 分,共 10 分)

1. 函数 $f(x)=\ln(x^2-x-2)$ 的连续区间是(　　).

A. $[0,+\infty)$　　B. $\left(\frac{1}{2},+\infty\right)$　　C. $(-1,2)$　　D. $(-\infty,-1)\cup(2,+\infty)$

2. 当 $x\to 0$ 时,下列变量与 x 不是等价无穷小的是(　　).

A. $\ln(1+x)$　　B. $\frac{\sqrt{1+x}-\sqrt{1-x}}{2}$　　C. $\tan x$　　D. $\sin x$

3. 下列函数中(　　)的导数等于 $\sin 2x$.

A. $\cos 2x$　　B. $\cos^2 x$　　C. $-\cos 2x$　　D. $\sin^2 x$

4. $\int\left(\frac{1}{\sin x}+1\right)\mathrm{d}(\sin x)=$(　　).

A. $\ln|\sin x|+x+C$　　B. $\frac{1}{\sin x}+x+C$

C. $\ln|\sin x|+\sin x+C$　　D. $-\frac{1}{\sin x}+\sin x+C$

5. 设 $f(x)$ 在 $[a,b]$ 上可积,则 $\int_a^b f(x)\mathrm{d}x-\int_a^b f(t)\mathrm{d}t$ 为(　　).

A. 小于零　　B. 等于零　　C. 大于零　　D. 无法确定

二、填空题(本大题共 5 小题,每小题 2 分,共 10 分)

6. $1+2+3+\cdots+n=$ ________.

7. $\lim\limits_{x\to 0}\frac{x}{\sin x}=$ ________.

8. 设函数 $y=f(x)=x^2-x$,则 $f'(2)=$ ________.

9. $\int 3^x\mathrm{d}x=$ ________.

10. $\int_{-1}^{1}t^2\sin t\mathrm{d}t=$ ________.

三、计算题(本大题共 10 小题,每小题 5 分,共 50 分)

11. $\lim\limits_{x\to 0}\frac{\sin 5x}{\tan 4x}$.

12. $\lim\limits_{x\to 1}\left(\frac{1}{x-1}-\frac{2}{x^2-1}\right)$.

13. $\lim\limits_{x\to\infty}\left(1+\frac{2}{x}\right)^x$.

14. $y = x\sin x^2$，求 y'.

15. $y = \dfrac{2-x}{2+x}$，求 y'.

16. $y = e^{\frac{1}{x}}$，求 dy.

17. $\int (3^x - 2\cos x + \dfrac{1}{x})dx$.

18. $\int (3x-1)^4 dx$.

19. $\int x\sin x dx$.

20. $\int_1^e x\ln x dx$.

四、应用解答题(本大题共 3 小题,每小题 10 分,共 30 分)

21. 求曲线 $y = \ln x$ 在点 $(e,1)$ 处的切线方程和法线方程.

22. 求曲线 $y=x^2$ 和 $y = x$ 所围成的图形的面积(要求作图).

23. 求 $y = 2x^3 - 6x^2 - 18x + 7$ 的单调性和极值.

高职高等数学基础综合测试题(3)

题号	一	二	三	四	总分
得分					

一、单项选择题(本大题共 5 小题,每小题 2 分,共 10 分)

1. 函数 $f(x)=\dfrac{1}{x-2}$ 的连续区间是(　　).

A. $[0,+\infty)$　　B. $\left(\dfrac{1}{2},+\infty\right)$　　C. $(-1,2)$　　D. $(-\infty,2)\cup(2,+\infty)$

2. 当 $n\to\infty$ 时,下列变量是无穷小的是(　　).

A. 2^n　　B. $\dfrac{1}{n}$　　C. $\dfrac{(-1)^n}{2}$　　D. $1-(-1)^n$

3. 曲线 $y=\sin x$ 在 $x=\dfrac{\pi}{3}$ 处的切线斜率为(　　).

A. $-\cos x$　　B. $-\dfrac{1}{2}$　　C. $\dfrac{-\sqrt{3}}{2}$　　D. $\dfrac{1}{2}$

4. $\int f(x)e^{\frac{1}{x}}dx=-e^{\frac{1}{x}}+C$,则 $f(x)$ 为(　　).

A. $-\dfrac{1}{x^2}$　　B. $-\dfrac{1}{x}$　　C. $\dfrac{1}{x^2}$　　D. $\dfrac{1}{x}$

5. 下列广义积分中收敛的是(　　).

A. $\int_1^{+\infty}\dfrac{1}{\sqrt{x}}dx$　　B. $\int_1^{+\infty}\dfrac{1}{x^3}dx$　　C. $\int_1^{+\infty}\sqrt{x}dx$　　D. $\int_1^{+\infty}e^{2x}dx$

二、填空题(本大题共 5 小题,每小题 2 分,共 10 分)

6. $y=e^{\sin\frac{1}{x}}$ 可分解为________________.

7. $\lim\limits_{x\to 0}x\cos x=$________________.

8. $d(1-2x^3)=$________________.

9. $\int\cos x dx=$________________.

10. $\int_{-1}^{1}x^4\sin x dx=$________________.

三、计算题(本大题共 10 小题,每小题 5 分,共 50 分)

11. $\lim\limits_{x\to -2}\dfrac{x^2-4}{x+4}$.

12. $\lim\limits_{x\to 0}\dfrac{\tan 3x}{\sin 4x}$.

13. $\lim\limits_{x\to\infty}(1+3x)^{\frac{1}{x}}$.

14. $y=(1+x^2)\arctan x$，求 y'.

15. $y=\ln(1+x^2)$，求 y'.

16. $y=5^{\ln x}$，求 $\mathrm{d}y$.

17. $\int\frac{x^2}{x^2+1}\mathrm{d}x$.

18. $\int\frac{1}{x\ln x}\mathrm{d}x$.

19. $\int\arctan x\mathrm{d}x$.

20. $\int_0^1 x\mathrm{e}^x\mathrm{d}x$.

四、应用解答题(本大题共3小题,每小题10分,共30分)

21. 在曲线 $y=\frac{1}{1+x^2}$ 上求一点,使通过该点的切线平行于 x 轴,并写出切线方程.

22. 求曲线 $y=x^2$ 和 $y=x$ 所围成的图形的面积(要求作图).

23. 求 $f(x)=x^4-2x^2+3$ 在 $[-2,2]$ 上的最大值与最小值.

高职高等数学基础综合测试题(4)

题号	一	二	三	四	总分
得分					

一、单项选择题(本大题共 5 小题,每小题 2 分,共 10 分)

1. 函数 $f(x)=\sqrt{2x-1}$ 的连续区间是(　　).

A. $[0,+\infty)$　　B. $\left[\frac{1}{2},+\infty\right)$　　C. $(-1,2)$　　D. $(-\infty,-1)\cup(2,+\infty)$

2. 已知 $\lim\limits_{x\to\infty}\frac{ax-1}{2x+1}=4$,则常数 $a=$(　　).

A. 2　　B. 4　　C. 6　　D. 8

3. 设 $y=e^{x^3}$,则 $dy=$(　　).

A. $e^{x^3}dx$　　B. $x^2e^{x^3}dx$　　C. $3x^2e^{x^3}dx$　　D. $x^3e^{x^3}dx$

4. 设 $F(x)$ 是 $f(x)$ 的一个原函数,则 $\int e^{-x}f(e^{-x})dx=$(　　).

A. $-F(e^x)+C$　　B. $F(e^x)+C$　　C. $-F(e^{-x})+C$　　D. $F(e^{-x})+C$

5. 由 x 轴、y 轴及 $y=(x+1)^2$ 所围成平面图形的面积为(　　).

A. $\int_1^0(x+1)^2dx$　　B. $\int_0^1(x+1)^2dx$　　C. $\int_{-1}^0(x+1)^2dx$　　D. $\int_0^{-1}(x+1)^2dx$

二、填空题(本大题共 5 小题,每小题 2 分,共 10 分)

6. $f(x)=x^2$,$f(f(2))=$__________.

7. $\lim\limits_{x\to0}x^2\sin\frac{1}{x}=$__________.

8. 设 $f(x)=\arctan x$,则 $f'(1)=$__________.

9. 若 $\int f(x)dx=\tan x+C$,则 $f(x)=$__________.

10. $\int_2^5dx=$__________.

三、计算题(本大题共 10 小题,每小题 5 分,共 50 分)

11. $\lim\limits_{x\to1}\frac{x^2-3x+2}{x-1}$.

12. $\lim\limits_{x\to0}\frac{\sin x^3}{\tan^3x}$.

13. $\lim\limits_{x\to\infty}\left(1-\frac{1}{x}\right)^{x+2}$.

14. $y=x^2\arctan x$,求 y'.

15. $y=\ln(1+x^2)$,求 y'.

16. $y=\frac{\sin 2x}{x}$，求 $\mathrm{d}y$.

17. $\int \frac{1}{x^2(1+x^2)}\mathrm{d}x$.

18. $\int \frac{\mathrm{e}^x}{1+\mathrm{e}^{2x}}\mathrm{d}x$.

19. $\int x\sin x\mathrm{d}x$.

20. $\int_1^{\mathrm{e}} x\mathrm{e}^x\mathrm{d}x$.

四、应用解答题(本大题共 3 小题，每小题 10 分，共 30 分)

21. 求曲线 $y=x^2-3x+1$ 在 $(1,-1)$ 处的切线方程和法线方程.

22. 求曲线 $y^2=2x$ 和直线 $x-y=4$ 所围成的图形的面积(要求作图).

23. 求 $f(x)=x^3-6x^2+9x+1$ 的单调性和极值.

高职高等数学基础综合测试题(5)

题号	一	二	三	四	总分
得分					

一、单项选择题(本大题共 5 小题,每小题 2 分,共 10 分)

1. 函数 $f(x)=\ln(2x-1)$ 的连续区间是(　　).

A. $[0,+\infty)$　　B. $\left(\frac{1}{2},+\infty\right)$　　C. $(-1,2)$　　D. $(-\infty,-1)\cup(2,+\infty)$

2. 函数 $y=f(x)$ 在点 x_0 处有定义是 $\lim\limits_{x\to x_0}f(x)$ 存在的(　　).

A. 充分条件　　B. 必要条件　　C. 充要条件　　D. 无关条件

3. $d(\qquad)=\frac{1}{2x+1}dx$.

A. $\ln(2x+1)$　　B. $\arctan\sqrt{x}$　　C. $\frac{1}{2}\ln(2x+1)$　　D. $\frac{1}{x}\ln(2x+1)$

4. 微分方程 $y'=x^2$ 的一个特解是(　　).

A. $y=2x+C$　　B. $y=2x$　　C. $y=\frac{x^3}{3}+C$　　D. $y=\frac{x^3}{3}$

5. 由连续曲线 $y=f(x)$ 与直线 $x=a,x=b\ (a<b)$ 及 x 轴所围成的平面区域的面积大小为(　　).

A. $\int_a^b f(x)dx$　　B. $f(\zeta)(b-a)$ (其中 $a<\zeta<b$)

C. $\int_a^b |f(x)|dx$　　D. $\left|\int_a^b f(x)dx\right|$

二、填空题(本大题共 5 小题,每小题 2 分,共 10 分)

6. $f(x)=2x+1$,则 $f(f(x)+1)=$________________.

7. 由 $y=\cos u,u=2x+3$ 复合而成的函数是________.

8. $\lim\limits_{n\to\infty}\frac{4n^2-n+1}{5n^2+n-1}=$__________.

9. 设 $y=\ln x$,则 $y''=$__________.

10. $\int\cos x dx=$____________.

三、计算题(本大题共 10 小题,每小题 5 分,共 50 分)

11. $\lim\limits_{x\to 2}\frac{x^2-x-2}{x^2-5x+6}$.

12. $\lim\limits_{x\to 0}\frac{\sin mx}{\tan nx}$.

13. $\lim\limits_{x\to\infty}\left(1+\frac{1}{x}\right)^{2x}$.

14. $y = x^2\cos x + \arcsin x$，求 y'.

15. $y = \mathrm{e}^{-2x^2} + \tan x^2$，求 y'.

16. $y = \mathrm{e}^{\sin x}$，求 $\mathrm{d}y$.

17. $\int \sqrt{x}(x-1)\mathrm{d}x$.

18. $\int \frac{\arctan x}{1+x^2}\mathrm{d}x$.

19. $\int x\ln x\mathrm{d}x$.

20. $\int_0^{\pi} x\cos x\mathrm{d}x$.

四、应用解答题(本大题共 3 小题，每小题 10 分，共 30 分)

21. 求 $y = \frac{1}{x}$ 在点 $\left(\frac{1}{2},2\right)$ 处的切线方程和法线方程.

22. 求曲线 $xy = 1$ 和 $y = x, x = 2$ 所围成的图形的面积(要求作图).

23. 求 $f(x) = 2x^3 + 3x^2 - 12x + 14$ 在 $[-3,4]$ 上的最大值与最小值.

高职高等数学基础综合测试题(6)

题号	一	二	三	四	总分
得分					

一、单项选择题(本大题共 5 小题,每小题 2 分,共 10 分)

1. 函数 $f(x)=\sqrt{2+x}+\ln(1-x)$ 的连续区间是(　　).

A. $[-2,1]$　　B. $[-2,1)$　　C. $(-2,1)$　　D. $(-\infty,-2)\cup(1,+\infty)$

2. 若 $\lim\limits_{x\to x_0}f(x)$ 与 $\lim\limits_{x\to x_0}g(x)$ 不存在,则 $\lim\limits_{x\to x_0}[f(x)\pm g(x)]$(　　).

A. 一定存在　　B. 一定不存在　　C. 零　　D. 不能确定

3. 设 x_0 是函数 $y=f(x)$ 的驻点,则 $f(x)$ 在点 x_0 处必定(　　).

A. 有极值　　B. 无极值　　C. 不可导

D. 曲线 $y=f(x)$ 在点 $(x_0,f(x_0))$ 处的切线平行或重合于 x 轴

4. 下列微分方程是一阶线性微分方程的是(　　).

A. $\dfrac{dy}{dx}-xy^2=e^x$　　B. $(y')^2+y=1$

C. $\dfrac{dy}{dx}=\dfrac{\ln x-y}{x^2}$　　D. $-2y'-3y^2=\sin x$

5. 由连续曲线 $y=f(x)$,直线 $x=a$ 和 $x=b$ $(a<b)$ 及 x 轴所围图形绕 x 轴旋转一周所得旋转体的体积是(　　).

A. $\int_a^b f^2(x)dx$　　B. $\int_b^a f^2(x)dx$　　C. $\int_a^b \pi f^2(x)dx$　　D. $\int_b^a \pi f^2(x)dx$

二、填空题(本大题共 5 小题,每小题 2 分,共 10 分)

6. $(\log_a x)'=$ ____________.

7. 由 $y=\ln u, u=1+x^2$ 复合而成的函数是____________.

8. $\lim\limits_{n\to\infty}\dfrac{4n^2-n+1}{n^3+n}=$ ____________.

9. 函数 $y=x^2+1$ 在 $x=1$ 处的切线斜率是____________.

10. $\int\dfrac{1}{1+x^2}dx=$ ____________.

三、计算题(本大题共 10 小题,每小题 5 分,共 50 分)

11. $\lim\limits_{x\to 0}\dfrac{\sin 2x}{\tan 3x}$.

12. $\lim\limits_{x\to 1}\dfrac{x^2-3x+2}{x-1}$.

13. $\lim\limits_{x\to 0}(1+x)^{\frac{2}{x}}$.

14. $y=x\tan x+3^x$,求 y'.

15. $y=\left(\sin\dfrac{x}{2}\right)^2$，求 y'.

16. $y=\mathrm{e}^{2x}$，求 $\mathrm{d}y$.

17. $\int\left(3^x-2\sin x+\dfrac{1}{x}\right)\mathrm{d}x$.

18. $\int\dfrac{1}{x\ln x}\mathrm{d}x$.

19. $\int x\sin x\mathrm{d}x$.

20. $\int_1^{\mathrm{e}} x\ln x\mathrm{d}x$.

四、应用解答题(本大题共 3 小题，每小题 10 分，共 30 分)

21. 求曲线 $y=\cos x$ 上点 $\left(\dfrac{\pi}{3},\dfrac{1}{2}\right)$ 处的切线方程和法线方程.

22. 求曲线 $y=\mathrm{e}^x$，$y=\mathrm{e}^{-x}$ 和 $x=1$ 所围成的图形的面积(要求作图).

23. 求 $y=x^3-3x^2-9x+5$ 的单调性和极值.

高职高等数学基础综合测试题(7)

题号	一	二	三	四	总分
得分					

一、单项选择题(本大题共 5 小题,每小题 2 分,共 10 分)

1. 函数 $y=\dfrac{x+2}{x^2-3x+2}$ 的连续区间是(　　).

A. $(-\infty,1)\cup(1,2)$　　B. $(-\infty,1)\cup(2,+\infty)$

C. $(2,+\infty)$　　D. $(-\infty,1)\cup(1,2)\cup(2,+\infty)$

2. $\lim\limits_{x\to+\infty}\mathrm{e}^{\frac{1}{x}}=$(　　).

A. $+\infty$　　B. 不存在　　C. 0　　D. 1

3. 若 x_0 是 $f(x)$ 的极值点,则(　　).

A. $f'(x_0)=0$　　B. $f'(x_0)\neq 0$

C. $f'(x_0)$ 不存在　　D. $f'(x_0)=0$ 或 $f'(x_0)$ 不存在

4. 微分方程 $\dfrac{\mathrm{d}y}{\mathrm{d}x}=x^3$ 的一个特解是(　　).

A. $y=\dfrac{1}{x}$　　B. $y=\dfrac{x^4}{4}$　　C. $y=\dfrac{x^3}{12}$　　D. $y=\dfrac{x^3}{6}$

5. 下列积分值为零的是(　　).

A. $\displaystyle\int_{-1}^{1}\frac{\mathrm{e}^x-\mathrm{e}^{-x}}{2}\mathrm{d}x$　　B. $\displaystyle\int_{-1}^{1}\frac{\mathrm{e}^x+\mathrm{e}^{-x}}{2}\mathrm{d}x$　　C. $\displaystyle\int_{-1}^{1}(x^2+x^3)\mathrm{d}x$　　D. $\displaystyle\int_{-\pi}^{\frac{\pi}{2}}\cos x\mathrm{e}^{\sin x}\mathrm{d}x$

二、填空题(本大题共 5 小题,每小题 2 分,共 10 分)

6. $(\tan x)'=$ __________.

7. $\lim\limits_{x\to\infty}\left(1+\dfrac{1}{x}\right)^{10}=$ __________.

8. $\mathrm{d}(3x^2+1)=$ __________ $\mathrm{d}x$.

9. 若 $\int f(x)\mathrm{d}x=\sin x+C$,则 $f(x)=$ __________.

10. $\displaystyle\int_a^b \mathrm{d}x=$ __________.

三、计算题(本大题共 10 小题,每小题 5 分,共 50 分)

11. $\lim\limits_{x\to-1}\dfrac{x^2-1}{2x^2+x-1}$.

12. $\lim\limits_{x\to0}\dfrac{\sin3x}{\sin4x}$.

13. $\lim\limits_{x\to\infty}\left(\dfrac{1+x}{x}\right)^x$.

14. $y=\mathrm{e}^{x}+3\cos x+x^{2}$ ，求 y'.

15. $y=(2x^{2}+1)^{2}$ ，求 y'.

16. $y=\mathrm{e}^{x}+\cos 2x$ ，求 $\mathrm{d}y$.

17. $\int\left(x^{2}+\sin x+\frac{1}{x}\right)\mathrm{d}x$.

18. $\int\frac{1}{\mathrm{e}^{x}+\mathrm{e}^{-x}}\mathrm{d}x$.

19. $\int x\arctan x\mathrm{d}x$.

20. $\int_{1}^{\mathrm{e}}x\mathrm{e}^{x}\mathrm{d}x$.

四、应用解答题(本大题共 3 小题，每小题 10 分，共 30 分)

21. 求曲线 $y=x^{3}+x-2$ 上的一点的切线与直线 $y=4x-1$ 平行.

22. 求曲线 $y=x^{2}$ 和 $y=2x$ 所围成的图形的面积(要求作图).

23. 求 $f(x)=x^{3}-3x^{2}-9x+5$ 在 $[-2,4]$ 上的最大值与最小值.

高职高等数学基础综合测试题(8)

题号	一	二	三	四	总分
得分					

一、单项选择题(本大题共 5 小题,每小题 2 分,共 10 分)

1. 函数 $f(x)=\ln(2x-1)$ 的连续区间是(　　).

A. $[0,+\infty)$　　B. $\left(\frac{1}{2},+\infty\right)$　　C. $(-1,2)$　　D. $(-\infty,-1)\cup(2,+\infty)$

2. 当 $x\to 1$ 时,下列变量中不是无穷小的是　　(　　).

A. x^2-1　　B. $x(x-1)$　　C. $3x^2-3$　　D. $4x^2-2x+1$

3. 函数 $y=x+\frac{1}{x}$ 的单调增加区间为(　　).

A. $(-1,1)$　　B. $(-\infty,0),(0,+\infty)$

C. $(-\infty,-1),(1,+\infty)$　　D. $(-1,0),(0,1)$

4. 设 $f(x)$ 是可积函数,则 $\left[\int f(x)\mathrm{d}x\right]'$ 为(　　).

A. $f(x)$　　B. $f(x)+C$　　C. $f'(x)$　　D. $f'(x)+C$

5. 设 $f(x)$ 在 $[a,b]$ 上可积,则 $\int_a^b f(x)\mathrm{d}x-\int_a^b f(t)\mathrm{d}t$ 为(　　).

A. 小于零　　B. 等于零　　C. 大于零　　D. 无法确定

二、填空题(本大题共 5 小题,每小题 2 分,共 10 分)

6. $(\arccos x)'=$ ________.

7. $\lim\limits_{x\to 1}\frac{\tan x}{x}=$ ________.

8. 设 $f(x)=\arctan x$,则 $f'(1)=$ ________.

9. $\int \sin x\mathrm{d}x=$ ________.

10. $\int_2^5 \mathrm{d}x=$ ________.

三、计算题(本大题共 10 小题,每小题 5 分,共 50 分)

11. $\lim\limits_{x\to -2}\frac{x^2-4}{x+2}$.

12. $\lim\limits_{x\to 1}\frac{\sin(x^2-1)}{x-1}$.

13. $\lim\limits_{x\to \infty}\left(1-\frac{1}{x}\right)^x$.

14. $y=x\arcsin 2x$,求 y'.

15. $y=\dfrac{x^5+\sqrt{x}+1}{x}$，求 y'.

16. $y=e^x+\sin x^2$，求 dy.

17. 求 $\int\dfrac{1}{1+4x^2}dx$.

18. $\int\dfrac{1}{x\ln x}dx$.

19. $\int\arctan x dx$.

20. $\int_0^1 xe^x dx$.

四、应用解答题(本大题共 3 小题，每小题 10 分，共 30 分)

21. 求曲线 $y=\ln x$ 上点(e,1)处的切线方程和法线方程.

22. 求曲线 $y=x^2$ 和 x 轴，$x=1$ 所围成的图形绕 x 轴旋转一周所得的立体的体积.

23. 求 $f(x)=2x^3-3x^2-12x+15$ 的单调性和极值.

高职高等数学基础综合测试题(9)

题号	一	二	三	四	总分
得分					

一、单项选择题(本大题共 5 小题,每小题 2 分,共 10 分)

1. 函数 $f(x)=\sqrt{2-x}+\ln(1+x)$ 的连续区间是(　　).

A. $[-1,2]$　　B. $(-1,2]$　　C. $(-1,2)$　　D. $[-1,2)$

2. 极限 $\lim\limits_{x\to\infty}\dfrac{\sin x}{x}=$(　　).

A. 1　　B. ∞　　C. 不存在　　D. 0

3. 设 $y=\sqrt{x}+x$,则其不可导的点为(　　).

A. $x=0$　　B. $x=1$　　C. $x=2$　　D. $x=\left(\dfrac{1}{2}\right)^{\frac{1}{2}}$

4. 设 $f(x)$ 是可积函数,则 $[\int f(x)\mathrm{d}x]'$ 为(　　).

A. $f(x)$　　B. $f(x)+C$　　C. $f'(x)$　　D. $f'(x)+C$

5. 设 $\int_0^1(2x+k)\mathrm{d}x=2$,则 $k=$(　　).

A. 0　　B. -1　　C. 1　　D. $\dfrac{3}{2}$

二、填空题(本大题共 5 小题,每小题 2 分,共 10 分)

6. $f(x)=\tan x$,则 $f'(x)=$ ________.

7. $\lim\limits_{x\to 0}(1+x)^{100}=$ ________.

8. 设函数 $y=f(x)=x^2-x$,则 $f'(2)=$ ________.

9. $\int\cos x\mathrm{d}x=$ ________.

10. $\int_{-1}^{1}t^2\sin t\mathrm{d}t=$ ________.

三、计算题(本大题共 10 小题,每小题 5 分,共 50 分)

11. $\lim\limits_{x\to 2}\dfrac{x^2-4}{x^2-3x+2}$.

12. $\lim\limits_{x\to 0}\dfrac{\tan 3x}{\sin 5x}$.

13. $\lim\limits_{x\to 0}(1-x)^{\frac{1}{x}}$.

14. $y=x\ln x$,求 y'.

15. $y=\dfrac{\sin 2x}{x}$,求 y'.

16. $y=\mathrm{e}^{-2x^2}$，求 $\mathrm{d}y$.

17. $\int \frac{x^4}{x^2+1}\mathrm{d}x$.

18. $\int \frac{\mathrm{e}^x}{1+\mathrm{e}^{2x}}\mathrm{d}x$.

19. $\int x\sin x\mathrm{d}x$.

20. $\int_1^{\mathrm{e}} x\mathrm{e}^x\mathrm{d}x$.

四、应用解答题(本大题共 3 小题，每小题 10 分，共 30 分)

21. 求曲线 $y=\frac{1}{\sqrt{x}}$ 上点(1,1)处的切线方程和法线方程.

22. 求曲线 $y=\mathrm{e}^x$ 和直线 $x=1$，$x=2$ 及 x 轴所围成的图形的面积(要求作图).

23. 求 $y=2x^3+3x^2-12x+14$ 的单调性和极值.

高职高等数学基础综合测试题(10)

题号	一	二	三	四	总分
得分					

一、单项选择题(本大题共 5 小题,每小题 2 分,共 10 分)

1. 函数 $f(x)=\ln(2x-1)$ 的连续区间是(　　).

A. $[0,+\infty)$　　B. $\left(\frac{1}{2},+\infty\right)$　　C. $(-1,2)$　　D. $(-\infty,-1)\cup(2,+\infty)$

2. 极限 $\lim\limits_{x\to\infty}\left(\frac{3x^3+x^2-3}{4x^3+2x+1}\right)=$(　　).

A. 0　　B. ∞　　C. $\frac{3}{4}$　　D. -3

3. 设 $f(x)=\cos x$,则 $f'\left(\frac{\pi}{2}\right)=$(　　).

A. 0　　B. -1　　C. 1　　D. $\frac{\pi}{2}$

4. $\int f(x)e^{\frac{1}{x}}dx=-e^{\frac{1}{x}}+C$,则 $f(x)$ 为(　　).

A. $-\frac{1}{x}$　　B. $-\frac{1}{x^2}$　　C. $\frac{1}{x}$　　D. $\frac{1}{x^2}$

5. 下列广义积分中收敛的是(　　).

A. $\int_1^{+\infty}\frac{1}{\sqrt{x}}dx$　　B. $\int_1^{+\infty}\frac{1}{x^3}dx$　　C. $\int_1^{+\infty}\sqrt{x}dx$　　D. $\int_1^{+\infty}e^{2x}dx$

二、填空题(本大题共 5 小题,每小题 2 分,共 10 分)

6. $(\operatorname{arccot}x)'=$ ________.

7. $\lim\limits_{x\to 2}\frac{x}{\sin x}=$ ________.

8. $d(1-2x^3)=$ ________.

9. $\int 3^x dx=$ ________.

10. $\int_{-1}^{1}x^4\sin x dx=$ ________.

三、计算题(本大题共 10 题,每小题 5 分,共 50 分)

11. $\lim\limits_{x\to 1}\frac{x-1}{\sin(x^2-1)}$.

12. $\lim\limits_{x\to 0}\frac{\sin 4x}{\tan 7x}$.

13. $\lim\limits_{x\to\infty}\left(\frac{x-2}{x+3}\right)^x$.

14. $y=(x^2+e^x)\sin 2x$，求 y'.

15. $y=\ln\sin 2x$，求 y'.

16. $y=\arcsin 2x+\ln x$，求 dy.

17. $\int \frac{2x^2+1}{x^2(1+x^2)}dx$.

18. $\int xe^x dx$.

19. $\int x\ln(x+1)dx$.

20. $\int_0^{\frac{\pi}{2}} x\sin x dx$.

四、应用解答题(本大题共3小题，每小题10分，共30分)

21. 求曲线 $y=xe^x$ 上点(0,0)处的切线方程和法线方程.

22. 求曲线 $y=x^2$ 和直线 $y=1$ 所围成的图形的面积(要求作图).

23. 求 $f(x)=3x^4-4x^3-12x^2+1$ 在 $[-3,3]$ 上的最大值与最小值.

高职高等数学基础综合测试题(11)

题号	一	二	三	四	总分
得分					

一、单项选择题(本大题共 5 小题,每小题 2 分,共 10 分)

1. 函数 $f(x)=\sqrt{2+x}+\ln(1-x)$ 的连续区间是(　　).

A. $[-2,1]$　　B. $[-2,1)$　　C. $(-2,1)$　　D. $(-\infty,-2)\cup(1,+\infty)$

2. 极限 $\lim\limits_{x\to 0}(x\sin\dfrac{1}{x})=$(　　).

A. 不存在　　B. ∞　　C. 1　　D. 0

3. 设 $f(x)=\cos x$,则 $\left[f\left(\dfrac{\pi}{2}\right)\right]'=$(　　).

A. 0　　B. -1　　C. 1　　D. $\dfrac{\pi}{2}$

4. 微分方程 $\dfrac{\mathrm{d}y}{\mathrm{d}x}=x^3$ 的一个解是(　　).

A. $y=\dfrac{1}{x}$　　B. $y=\dfrac{x^4}{4}$　　C. $y=\dfrac{x^3}{12}$　　D. $y=\dfrac{x^3}{6}$

5. 由 x 轴, y 轴及 $y=(x+1)^2$ 所围成平面图形的面积为(　　).

A. $\int_1^0 (x+1)^2\mathrm{d}x$　　B. $\int_0^1 (x+1)^2\mathrm{d}x$　　C. $\int_{-1}^0 (x+1)^2\mathrm{d}x$　　D. $\int_0^{-1} (x+1)^2\mathrm{d}x$

二、填空题(本大题共 5 小题,每小题 2 分,共 10 分)

6. $f(x)=\sin\dfrac{\pi}{2}$,则 $f'(x)=$ ________.

7. 由 $y=\ln u,u=1+x^2$ 复合而成的函数是________.

8. $\lim\limits_{n\to\infty}\dfrac{4n^2-n+1}{5n^2+n-1}=$ ________.

9. 函数 $y=x^2+1$ 在 $x=1$ 处的切线斜率是________.

10. $\int\cos x\mathrm{d}x=$ ________.

三、计算题(本大题共 10 小题,每小题 5 分,共 50 分)

11. $\lim\limits_{x\to 2}\dfrac{x^2-x-2}{x^2-5x+6}$.

12. $\lim\limits_{x\to 0}\dfrac{\tan 3x}{\sin 7x}$.

13. $\lim\limits_{x\to\infty}\left(1-\dfrac{1}{x}\right)^{2x}$.

14. $y=x\ln x$,求 y'.

15. $y = \ln x + \arcsin 2x$，求 y'.

16. $y = \ln(2x - 1)$，求 $\mathrm{d}y$.

17. $\int\left(3^x - 2\sin x + \frac{1}{x}\right)\mathrm{d}x$.

18. $\int \frac{\mathrm{e}^x}{1 + \mathrm{e}^{2x}}\mathrm{d}x$.

19. $\int x\cos x\mathrm{d}x$.

20. $\int_0^1 x\mathrm{e}^{-x}\mathrm{d}x$.

四、应用解答题(本大题共 3 小题，每小题 10 分，共 30 分)

21. 求曲线 $y = x - \frac{1}{x}$ 与 x 轴交点处的切线方程.

22. 求曲线 $y = x^2$ 和直线 $y = 0, x = 2$ 所围成的图形绕 x 轴旋转一周所得立体的体积.

23. 求 $f(x) = 3x^4 - 8x^3 - 6x^2 + 24x$ 的单调性和极值.

高职高等数学基础综合测试题(12)

题号	一	二	三	四	总分
得分					

一、单项选择题(本大题共 5 小题,每小题 2 分,共 10 分)

1. 函数 $f(x)=\ln(2x+1)$ 的连续区间是(　　).

A. $[0,+\infty)$　　B. $\left(-\frac{1}{2},+\infty\right)$　　C. $(-1,2)$　　D. $(-\infty,-1)\cup(2,+\infty)$

2. 当 $x\to 0$ 时,下列变量不是无穷小的是(　　).

A. $\ln(1+3x)$　　B. x^2　　C. $\frac{\sin x}{x}$　　D. $1-\cos x$

3. 曲线 $y=\cos x$ 在 $x=\frac{\pi}{3}$ 处的切线斜率为(　　).

A. $-\sin x$　　B. $\frac{1}{2}$　　C. $\frac{\sqrt{3}}{2}$　　D. $\frac{-\sqrt{3}}{2}$

4. $\int\left(\frac{1}{\sin x}+1\right)\mathrm{d}(\sin x)=$(　　).

A. $\ln|\sin x|+x+C$　　B. $\frac{1}{\sin x}+x+C$

C. $\ln|\sin x|+\sin x+C$　　D. $-\frac{1}{\sin x}+\sin x+C$

5. 由连续曲线 $y=f(x)$ 与直线 $x=a,x=b$ $(a<b)$ 及 x 轴所围成的平面区域的面积大小为(　　).

A. $\int_a^b f(x)\mathrm{d}x$　　B. $f(\zeta)(b-a)$ (其中 $a<\zeta<b$)

C. $\int_a^b|f(x)|\mathrm{d}x$　　D. $\left|\int_a^b f(x)\mathrm{d}x\right|$

二、填空题(本大题共 5 小题,每小题 2 分,共 10 分)

6. $f(x)=2012$,则 $f(x+1)-f(x)=$ ____________.

7. 由 $y=\cos u,u=2x+3$ 复合而成的函数是____________.

8. $\lim\limits_{n\to\infty}\frac{4n^2-n+1}{n^3+n}=$ ____________.

9. 设 $y=\ln x$,则 $y''=$ ____________.

10. $\int\frac{1}{1+x^2}\mathrm{d}x=$ ____________.

三、**计算题**(本大题共 10 小题,每小题 5 分,共 50 分)

11. $\lim\limits_{x \to -3} \dfrac{x^2+4x+3}{x^2-9}$.

12. $\lim\limits_{x \to 0} \dfrac{\sin mx}{\tan nx}$.

13. $\lim\limits_{x \to 0} (1-2x)^{\frac{1}{x}}$.

14. $y = e^x(\sin x + \cos x)$,求 y'.

15. $y = a^{\cos\frac{1}{x}}$,求 y'.

16. $y = \arctan(1+x^2)$,求 dy.

17. $\int\left(x+\cos x+\dfrac{1}{x}\right)dx$.

18. $\int \dfrac{e^x}{1+e^{2x}}dx$.

19. $\int_0^1 xe^{-x}dx$.

20. 求 $y' - \dfrac{y}{x} = 0$ 的通解.

四、**应用解答题**(本大题共 3 小题,每小题 10 分,共 30 分)

21. 求曲线 $y = \dfrac{4+x}{4-x}$ 上点(2,3)处的切线方程和法线方程.

22. 求曲线 $y = x^2$ 及直线 $y = x$ 所围成的图形绕 x 轴旋转一周所得立体的体积.

23. 求 $f(x) = 2x^3+3x^2-12x+14$ 在 $[-1,3]$ 上的最大值与最小值.

高职高等数学基础综合测试题(13)

题号	一	二	三	四	总分
得分					

一、单项选择题(本大题共 5 小题,每小题 2 分,共 10 分)

1. 已知 $\boldsymbol{A}=\begin{pmatrix} 4 & 2 & 3 \\ x_1-x_2 & 1 & 0 \end{pmatrix}$, $\boldsymbol{B}=\begin{pmatrix} 4 & 2 & x_1 \\ 2 & 1 & 0 \end{pmatrix}$,若 $\boldsymbol{A}=\boldsymbol{B}$,则(　　).

A. $x_1=1, x_2=3$　　B. $x_1=0, x_2=-2$　　C. $x_1=3, x_2=1$　　D. $x_1=2, x_2=0$

2. 有关矩阵的乘法运算律下列叙述正确的是(　　).

A. 满足交换律,不满足消去律　　B. 不满足交换律,满足消去律

C. 不满足交换律,不满足消去律　　D. 满足交换律,满足消去律

3. 同时掷甲、乙两个均匀的骰子,设 $A=\{$两骰子出现相同点数$\}$,则 $P(A)=$(　　).

A. $\frac{1}{3}$　　B. $\frac{1}{6}$　　C. $\frac{6}{11}$　　D. $\frac{1}{9}$

4. 设 $P(A)=0.5$, $P(B)=0.4$,且条件概率 $P(B|A)=0.6$,则 $P(A+B)=$(　　).

A. 0.6　　B. 0.9　　C. 0.7　　D. 0.66

5. 下列级数收敛的是(　　).

A. $\sum_{n=1}^{\infty}\frac{1}{n}$　　B. $\sum_{n=1}^{\infty}\frac{1}{n^2}$　　C. $\sum_{n=1}^{\infty}\frac{1}{\sqrt{n}}$　　D. $\sum_{n=1}^{\infty}\frac{1+n}{n}$

二、填空题(本大题共 5 小题,每小题 2 分,共 10 分)

6. 设 $\boldsymbol{E}=\begin{pmatrix} 1 & 0 & 0 \\ 0 & 1 & 0 \\ 0 & 0 & 1 \end{pmatrix}$, $\boldsymbol{A}=\begin{pmatrix} 2 & 3 \\ 4 & 5 \\ 1 & -2 \end{pmatrix}$, 则 $\boldsymbol{EA}=$__________.

7. 设 $\boldsymbol{A}=\begin{pmatrix} 2 & 1 \\ -1 & 3 \end{pmatrix}$, $\boldsymbol{B}=\begin{pmatrix} 3 & 4 \\ 2 & 1 \end{pmatrix}$, 满足方程 $\boldsymbol{A}-\boldsymbol{X}=2\boldsymbol{B}$, 则 $\boldsymbol{X}=$__________.

8. 设 X 的分布为

X	0	1	2	3
p_k	0.7	0.1	0.1	0.1

则 $EX=$ __________.

9. 已知 $P(A)=0.4$, $P(B)=0.3$,又 A 与 B 相互独立,则 $P(AB)=$__________.

10. 若级数 $\sum_{n=1}^{\infty}u_n$ 收敛,则 $\lim_{n\to\infty}u_n=$ __________.

三、计算题(本大题共10题,每小题6分,共60分)

11. 求 $\boldsymbol{A}=\begin{pmatrix}1 & 3 & -4 & -4 & 1\\ 2 & -1 & 3 & 1 & -3\\ 7 & 0 & 5 & -1 & 8\end{pmatrix}$ 的秩.

12. 求 $\boldsymbol{A}=\begin{pmatrix}1 & -1 & -1\\ 2 & -1 & -3\\ 3 & 2 & -5\end{pmatrix}$ 的逆矩阵.

13. 解线性方程组 $\begin{cases}x_1+4x_2-3x_3+5x_4=-2,\\ 2x_1+x_2-x_3+x_4=1,\\ 3x_1-2x_2+x_3-3x_4=4.\end{cases}$

14. 计算行列式 $\begin{vmatrix}1 & 3 & 5\\ -1 & 4 & 1\\ 2 & -2 & 6\end{vmatrix}$ 的值.

15. 已知 $P(A)=0.4$, $P(B)=0.3$,又 A 与 B 互斥,求 $P(A+B)$.

16. 设 $X\sim N(0,1)$,求 $P(1.25<X<1.65)$.

[$\Phi(0)=0.5,\Phi(1)=0.8413,\Phi(1.25)=0.8944,\Phi(1.65)=0.9505$]

17. 设盒中有8个球,其中红球3个,白球5个.

(1) 若从中随机取一球,试求"出现红球"的概率;

(2) 若从中随机取两球,试求"取出的一个是红球一个是白球"的概率.

18. 判定级数 $\sum\limits_{n=1}^{\infty} 3^n \sin\frac{\pi}{4^n}$ 的敛散性.

19. 判断级数 $1-\frac{1}{\sqrt{2}}+\frac{1}{\sqrt{3}}-\frac{1}{\sqrt{4}}+\cdots$ 的敛散性.

20. 求级数 $\sum\limits_{n=1}^{\infty}\frac{nx^n}{3^n}$ 的收敛半径及收敛区间.

四、应用解答题(本大题共2小题,每小题10分,共20分)

21. 设 $\boldsymbol{A}$, $\boldsymbol{B}$ 均是 n 阶矩阵,且 $\boldsymbol{AB}=\boldsymbol{A}+\boldsymbol{B}$,证明 $\boldsymbol{A}-\boldsymbol{E}$ 可逆,并求 $(\boldsymbol{A}-\boldsymbol{E})^{-1}$.

22. 某工厂有甲、乙、丙三个车间,生产同一种新产品,每个车间的产量占全厂产量的25%,35%,40%,每个车间的次品率分别为5%,4%,2%,求全厂的次品率.

高职高等数学基础综合测试题(14)

题号	一	二	三	四	总分
得分					

一、单项选择题(本大题共 5 小题,每小题 2 分,共 10 分)

1. 已知 $\boldsymbol{A}=\begin{pmatrix} 4 & 2 & 4 \\ x_2-x_1 & 1 & 0 \end{pmatrix}$, $\boldsymbol{B}=\begin{pmatrix} 4 & 2 & x_1+x_2 \\ 2 & 1 & 0 \end{pmatrix}$,若 $\boldsymbol{A}=\boldsymbol{B}$,则(　　).

A. $x_1=2,x_2=3$　　B. $x_1=1,x_2=3$　　C. $x_1=3,x_2=1$　　D. $x_1=2,x_2=4$

2. 有关矩阵的下列说法正确的是(　　).

A. $(\boldsymbol{AB})^{\mathrm{T}}=\boldsymbol{A}^{\mathrm{T}}\boldsymbol{B}^{\mathrm{T}}$　　B. $(\boldsymbol{AB})^{\mathrm{T}}=(\boldsymbol{BA})^{\mathrm{T}}$

C. $(\boldsymbol{AB})^{-1}=(\boldsymbol{BA})^{-1}$　　D. $(\boldsymbol{AB})^{-1}=\boldsymbol{B}^{-1}\boldsymbol{A}^{-1}$

3. 设事件 A,B,C,则三个事件中恰有一个发生应表示为(　　).

A. $A+B+C$　　B. $AB\overline{C}+A\overline{B}C+\overline{A}BC$

C. $\overline{A}BC$　　D. $\overline{A}\overline{B}C+\overline{A}B\overline{C}+A\overline{B}\overline{C}$

4. 设事件 A 和 B 相互独立,则下列结论不正确的是(　　).

A. $\overline{A}$ 和 B 相互独立　　B. $\overline{A}$ 和 $\overline{B}$ 相互独立

C. A 和 $\overline{B}$ 相互独立　　D. AB 和 $A+B$ 相互独立

5. 级数 $\sum\limits_{n=1}^{\infty}\dfrac{1}{n(n+1)}$的部分和 S_n 的极限为(　　).

A. 0　　B. 1　　C. -1　　D. 不存在

二、填空题(本大题共 5 小题,每小题 2 分,共 10 分)

6. 已知 $\boldsymbol{A}=\begin{pmatrix} 2 & 3 \\ 3 & 0 \end{pmatrix}$, 则 $\boldsymbol{A}^{\mathrm{T}}=$______________.

7. 设 $\boldsymbol{A}=\begin{pmatrix} 1 & 2 \\ 0 & 1 \end{pmatrix}$, $\boldsymbol{B}=\begin{pmatrix} 1 & 1 \\ 1 & 0 \end{pmatrix}$, $\boldsymbol{C}=\begin{pmatrix} 1 & 0 \\ 1 & 1 \end{pmatrix}$满足方程 $\boldsymbol{AX}+\boldsymbol{B}=3\boldsymbol{C}$, 则 $\boldsymbol{X}=$________.

8. 设 X 的分布为

X	0	1	2	4
p_k	0.1	a	0.4	$0.1+a$

则 $a=$__________.

9. 已知 $P(A)=0.4$, $P(B)=0.3$,又 A 与 B 互斥,则 $P(A+B)=$____________.

10. 若正项级数 $\sum\limits_{n=1}^{\infty}u_n$ 收敛,则 $\sum\limits_{n=1}^{\infty}\dfrac{1}{u_n}$的敛散性是____________.

三、计算题(本大题共10题,每小题6分,共60分)

11. 求$\boldsymbol{A}=\begin{pmatrix}3&2&5&3\\4&-5&0&3\\-2&0&-1&-3\\5&-3&2&5\end{pmatrix}$的秩.

12. 求$\boldsymbol{A}=\begin{pmatrix}1&2&3\\2&1&2\\1&3&3\end{pmatrix}$的逆矩阵.

13. 解线性方程组$\begin{cases}x_1+2x_2-3x_3=4,\\2x_1+3x_2-5x_3=7,\\4x_1+3x_2-9x_3=9,\\2x_1+5x_2-8x_3=8.\end{cases}$

14. 计算行列式$\begin{vmatrix}1&4&2\\2&5&1\\2&1&6\end{vmatrix}$的值.

15. 已知$P(A)=0.4$,$P(A+B)=0.7$,又A与B相互独立,求$P(B)$.

16. 设袋中有5个球,其中红球3个,白球2个.第一次从袋中任取一个球,随即放回,第二次再任取一球.求:

(1) 两只球都是红球的概率;

(2) 两只球一红一白的概率;

(3) 两只球中至少是一只白球的概率.

17. 设X的分布列为

X	-1	0	2	3
p_k	$\frac{1}{8}$	$\frac{1}{4}$	$\frac{3}{8}$	$\frac{1}{4}$

求EX,DX.

18. 判别级数$\frac{1}{2}+\frac{1}{3}+\frac{1}{4}+\frac{1}{9}+\frac{1}{8}+\frac{1}{27}+\cdots+\frac{1}{2^n}+\frac{1}{3^n}+\cdots$的敛散性.

19. 判别级数$1+\frac{1}{2!}+\frac{1}{3!}+\frac{1}{4!}+\cdots$的敛散性.

20. 求级数$\sum_{n=1}^{\infty}\frac{(-1)^{n-1}x^n}{n}$的收敛半径及区间.

四、应用解答题(本大题共2小题,每小题10分,共20分)

21. 解矩阵方程$\boldsymbol{AX}=\boldsymbol{B}+\boldsymbol{X}$,其中$\boldsymbol{A}=\begin{pmatrix}2&-1&0\\1&0&3\\-1&0&2\end{pmatrix}$,$\boldsymbol{B}=\begin{pmatrix}1&0&2\\-1&3&5\\1&2&0\end{pmatrix}$.

22. 甲、乙两炮同时向一架敌机射击,已知甲炮的击中率为0.5,乙炮的击中率为0.6,甲、乙两炮都击中的概率为0.3,求飞机被击中的概率是多少?

高职高等数学基础综合测试题(15)

题号	一	二	三	四	总分
得分					

一、单项选择题(本大题共 5 小题,每小题 2 分,共 10 分)

1. 已知 $\boldsymbol{A}=\begin{pmatrix} a & -1 & 0 \\ 4 & b & 3 \end{pmatrix}$, $\boldsymbol{B}=\begin{pmatrix} 2 & -1 & 0 \\ 4 & 5 & c \end{pmatrix}$,若 $\boldsymbol{A}=\boldsymbol{B}$,则(　　).

   A. $a=2,b=5,c=3$　　B. $a=2,b=2,c=3$

   C. $a=2,b=5,c=1$　　D. $a=3,b=5,c=3$

2. 有关矩阵的下列说法正确的是(　　).

   A. $(\boldsymbol{AB})^{\mathrm{T}}=\boldsymbol{A}^{\mathrm{T}}\boldsymbol{B}^{\mathrm{T}}$　　B. $(\boldsymbol{AB})^{\mathrm{T}}=(\boldsymbol{BA})^{\mathrm{T}}$

   C. $(\boldsymbol{AB})^{-1}=(\boldsymbol{BA})^{-1}$　　D. $(\boldsymbol{AB})^{-1}=\boldsymbol{B}^{-1}\boldsymbol{A}^{-1}$

3. 设 A, B 为两随机事件,且 $B\subset A$,则下列式子正确的是(　　).

   A. $P(A+B)=P(A)$　　B. $P(AB)=P(A)$

   C. $P(B|A)=P(B)$　　D. $P(B-A)=P(B)-P(A)$

4. 设事件 A,B,C,则三个事件至少有一个发生应表示为(　　).

   A. $A+B+C$　　B. $AB\overline{C}+A\overline{B}C+\overline{A}BC$　　C. $\overline{A}BC$　　D. $\overline{A}B\overline{C}+\overline{A}B\overline{C}+A\overline{B}\overline{C}$

5. 级数 $\sum\limits_{n=1}^{\infty}\dfrac{n}{2n+1}$ 是(　　).

   A. 发散　　B. 收敛　　C. 条件收敛　　D. 不确定

二、填空题(本大题共 5 小题,每小题 2 分,共 10 分)

6. 已知 $\boldsymbol{A}=\begin{pmatrix} 2 & 3 \\ 3 & 0 \end{pmatrix}$, 则 $\boldsymbol{A}^{-1}=$____________.

7. 设 $\boldsymbol{A}=\begin{pmatrix} 1 & 2 \\ 0 & 1 \end{pmatrix}$, $\boldsymbol{B}=\begin{pmatrix} 1 & 2 \\ 2 & 1 \end{pmatrix}$, 则 $\boldsymbol{AB}=$______________.

8. 设三个事件 A,B,C,则三个中至少有一个发生可表示为____________.

9. 已知 $P(A)=0.4$, $P(A+B)=0.7$,又 A 与 B 相互独立,则 $P(B)=$________.

10. 级数 $\frac{1}{2}+\frac{1}{4}+\frac{1}{8}+\cdots+\frac{1}{2^n}+\cdots$ 的部分和极限 $\lim\limits_{n\to\infty}S_n=$______________.

三、计算题(本大题共 10 题,每小题 6 分,共 60 分)

11. 求 $\boldsymbol{A}=\begin{pmatrix} 1 & 2 & 3 \\ 1 & 2 & 1 \\ 2 & 4 & 6 \end{pmatrix}$ 的秩.

12. 求 $\boldsymbol{A}=\begin{pmatrix} 2 & -1 & -1 \\ 1 & 1 & 4 \\ 3 & 0 & 5 \end{pmatrix}$ 的逆矩阵.

13. 解线性方程组 $\begin{cases} x_1+3x_2-2x_3+2x_4-x_5=0, \\ -2x_1-5x_2+x_3-5x_4+3x_5=0, \\ 3x_1+7x_2-x_3+x_4+3x_5=0, \\ -x_1-4x_2+5x_3-x_4=0. \end{cases}$

14. k 取什么值时,下列齐次线性方程组有非零解 $\begin{cases} x_1+x_2+kx_3=0, \\ -x_1+kx_2+x_3=0, \\ x_1-x_2+2x_3=0. \end{cases}$

15. 设 $A=\{x|3<x\leqslant 8\}$,$B=\{x|4\leqslant x<10\}$,求事件 AB.

16. 某工厂有甲、乙、丙三个车间,生产同一种新产品,每个车间的产量占全厂 25%,35%,40%,每个车间的次品率分别为 5%,4%,2%,求全厂的次品率.

17. 设随机事件 A,B,$P(A)=\frac{1}{2}$,$P(B)=\frac{1}{3}$,$P(B|A)=\frac{1}{2}$.

求:(1) $P(AB)$; (2) $P(A+B)$; (3) $P(A|B)$.

18. 判定级数 $\sum\limits_{n=1}^{\infty}\frac{1}{n^2\sqrt{n+1}}$ 的敛散性.

19. 判定级数 $\sum\limits_{n=1}^{\infty}\frac{3^n n!}{n^n}$ 的敛散性.

20. 求级数 $\sum\limits_{n=1}^{\infty}\frac{nx^n}{5^n}$ 的收敛半径及区间.

四、应用解答题(本大题共 2 小题,每小题 10 分,共 20 分)

21. 设矩阵 $\boldsymbol{A}=\begin{pmatrix} 1 & 0 & 1 \\ 0 & 2 & 0 \\ 1 & 0 & 1 \end{pmatrix}$,矩阵 $\boldsymbol{X}$ 满足 $\boldsymbol{AX}+\boldsymbol{E}=\boldsymbol{A}^2+\boldsymbol{X}$,其中 $\boldsymbol{E}$ 为三阶单位矩阵,试求矩阵 $\boldsymbol{X}$.

22. 一条生产线上的产品合格率为 0.8,连续检验 3 件产品,计算最多有一件不合格的概率.

高职高等数学基础综合测试题(16)

题号	一	二	三	四	总分
得分					

一、单项选择题(本大题共 5 小题,每小题 2 分,共 10 分)

1. 行列式 $A=\begin{vmatrix} 3 & 8 & 6 \\ 5 & 1 & 2 \\ 1 & 0 & 7 \end{vmatrix}$ 的元素 a_{21} 的代数余子式 A_{21} 的值为(　　).

   A. 33　　B. -33　　C. 56　　D. -56

2. 已知 $\boldsymbol{AB}=\boldsymbol{AC}$,则(　　).

   A. 若 $\boldsymbol{A}=\boldsymbol{O}$,则 $\boldsymbol{B}=\boldsymbol{C}$　　B. 若 $\boldsymbol{A}\neq\boldsymbol{O}$,则 $\boldsymbol{B}=\boldsymbol{C}$

   C. $\boldsymbol{B}=\boldsymbol{C}$　　D. $\boldsymbol{B}$ 可能不等于 $\boldsymbol{C}$

3. 设 A,B 为两随机事件,则下列式子正确的是(　　).

   A. 当 A 和 B 互斥时,$P(AB)=P(A)P(B)$

   B. $P(A)+P(\overline{A})>1$

   C. 当 A 和 B 相互独立时,$P(AB)=P(A)P(B)$

   D. $P(A|B)=\dfrac{P(AB)}{P(A)}$　$(P(A)>0)$

4. 下列不是随机事件的是(　　).

   A. 一批产品中有正品、有次品,从中任意抽出一件是“次品”

   B. “在南京地区,将水加热到 100℃,水变成蒸汽”

   C. “十字路口的汽车流量”

   D. 掷甲、乙两个均匀的骰子,点数相同

5. p 级数 $\sum\limits_{n=1}^{\infty}\dfrac{1}{n^p}$ 收敛,则(　　).

   A. $p=1$　　B. $0<p<1$　　C. $p>1$　　D. p 为任意数

二、填空题(本大题共 5 小题,每小题 2 分,共 10 分)

6. 已知 $\boldsymbol{A}=\begin{pmatrix} 2 & 0 & 0 \\ 0 & 3 & 0 \\ 0 & 0 & 5 \end{pmatrix}$,则 $\boldsymbol{A}^{-1}=$__________.

7. 设 $\boldsymbol{A}=\begin{pmatrix} 1 & 2 & 3 \\ 1 & 2 & 1 \\ 2 & 4 & 6 \end{pmatrix}$,则 $\mathrm{r}(\boldsymbol{A})=$__________.

8. 设 $A=\{x|3<x\leqslant 8\}$,$B=\{x|4\leqslant x<6\}$,则事件 $AB=$__________.

9. 已知 $P(A)=0.4$,$P(B)=0.3$,$P(AB)=0.18$,则 $P(\overline{A+B})=$__________.

10. 如果交错级数 $\sum_{n=1}^{\infty}(-1)^{n-1}u_n$ 收敛,则满足 ① $u_n \geqslant u_{n+1}$, ②________.

三、计算题(本大题共10题,每小题6分,共60分)

11. 求 $\boldsymbol{A}=\begin{pmatrix}1 & 2 & -3\\ -1 & -1 & 1\\ 3 & 1 & 6\end{pmatrix}$ 的秩.

12. 求 $\boldsymbol{A}=\begin{pmatrix}4 & 1 & 2\\ 3 & 2 & 1\\ 5 & -3 & 2\end{pmatrix}$ 的逆矩阵.

13. 解方程组 $\begin{cases}2x_1+x_2-x_3+x_4=1,\\ 3x_1-2x_2+x_3-3x_4=4,\\ x_1+4x_2-3x_3+5x_4=-2.\end{cases}$

14. k 取什么值时,下列齐次线性方程组有非零解 $\begin{cases}kx_1+x_2+x_3=0,\\ x_1+kx_2-x_3=0,\\ 2x_1-x_2+x_3=0.\end{cases}$

15. 已知 $P(A)=0.4$, $P(B)=0.3$,又 A 与 B 相互独立,求 $P(A|B)$.

16. 设随机变量 X 的概率密度为 $p(x)=\begin{cases}2x, & 0\leqslant x\leqslant 1,\\ 0, & 其他.\end{cases}$

求:(1) $P(0.3\leqslant X\leqslant 0.7)$; (2) $P(0.5\leqslant X\leqslant 1.5)$.

17. 设 X 的分布列为

X	-1	0	2	3
p_k	$\frac{1}{8}$	$\frac{1}{4}$	$\frac{3}{8}$	$\frac{1}{4}$

求 EX, DX.

18. 判定级数 $\sum_{n=1}^{\infty}(\sqrt{n+1}-\sqrt{n})$ 的敛散性.

19. 判定级数 $\sum_{n=1}^{\infty}\frac{n^2}{3^n}$ 的敛散性.

20. 求级数 $\sum_{n=1}^{\infty}(-1)^n\frac{x^n}{2n-1}$ 的收敛半径及区间.

四、应用解答题(本大题共2小题,每小题10分,共20分)

21. 已知 $\boldsymbol{A}=\begin{pmatrix}1 & 1 & -1\\ 0 & 1 & 1\\ 0 & 0 & 1\end{pmatrix}$,且 $\boldsymbol{A}^2-\boldsymbol{AB}=\boldsymbol{E}$,求矩阵 $\boldsymbol{B}$.

22. 对球的直径作近似测量,其值均匀地分布在区间$[a,b]$上,求球的体积的数学期望.

高职高等数学基础综合测试题(17)

题号	一	二	三	四	总分
得分					

一、单项选择题(本大题共5小题,每小题2分,共10分)

1. 行列式 $A=\begin{vmatrix}3 & 8 & 6\\5 & 1 & 2\\1 & 0 & 7\end{vmatrix}$ 的元素 a_{21} 的余子式 A_{21} 的值为( ).

A. 33 B. -33 C. 56 D. -56

2. 已知 $\boldsymbol{AB}=\boldsymbol{AC}$,则( ).

A. 若 $\boldsymbol{A}=\boldsymbol{O}$,则 $\boldsymbol{B}=\boldsymbol{C}$ B. 若 $\boldsymbol{A}\neq\boldsymbol{O}$,则 $\boldsymbol{B}=\boldsymbol{C}$

C. $\boldsymbol{B}=\boldsymbol{C}$ D. $\boldsymbol{B}$ 可能不等于 $\boldsymbol{C}$

3. 同时掷甲、乙两个均匀的骰子,设 $A=\{$两骰子出现不同点数$\}$,则 $P(A)=$( ).

A. $\dfrac{1}{3}$ B. $\dfrac{1}{6}$ C. $\dfrac{6}{11}$ D. $\dfrac{5}{6}$

4. 设 $P(A)=0.5$,$P(B)=0.4$,且条件概率 $P(B|A)=0.6$ 则 $P(A+B)=$( ).

A. 0.6 B. 0.9 C. 0.7 D. 0.66

5. 设正项级数 $\sum\limits_{n=1}^{\infty}u_n$ 则级数( )一定收敛.

A. $\sum\limits_{n=1}^{\infty}\sqrt{u_n}$ B. $\sum\limits_{n=1}^{\infty}(-1)^n u_n$ C. $\sum\limits_{n=1}^{\infty}\dfrac{1}{u_n}$ D. $\sum\limits_{n=1}^{\infty}nu_n$

二、填空题(本大题共5小题,每小题2分,共10分)

6. 已知 $\boldsymbol{A}=\begin{pmatrix}4 & 1 & 2\\3 & 2 & 1\\5 & -3 & 2\end{pmatrix}$,则 $\boldsymbol{A}^{-1}=$__________.

7. 设 $\boldsymbol{A}=\begin{vmatrix}1 & 4 & 3\\1 & 2 & 1\\2 & 4 & 6\end{vmatrix}$,则元素 a_{21} 的代数余子式 $A_{21}=$________.

8. 设 X 的分布为

X	0	1	2	4
p_k	0.1	a	0.4	0.1

则 $a=$________.

9. 设三个事件 A,B,C,则三个中只有一个发生可表示为____________.

10. 如果交错级数 $\sum\limits_{n=1}^{\infty}(-1)^{n-1}u_n$ 收敛,则满足① ________,② $\lim\limits_{n\to\infty}u_n=0$.

三、计算题(本大题共 10 题,每小题 6 分,共 60 分)

11. 求 $\boldsymbol{A}=\begin{pmatrix}1 & 3 & -2\\ 1 & 7 & 2\\ 2 & 14 & 5\end{pmatrix}$ 的秩.

12. 求 $\boldsymbol{A}=\begin{pmatrix}2 & -1 & -1\\ 1 & 1 & 4\\ 3 & 0 & 5\end{pmatrix}$ 的逆矩阵.

13. 解方程组 $\begin{cases}2x_1+x_2+3x_3=6,\\ 3x_1+2x_2+x_3=1,\\ 5x_1+3x_2+4x_3=27.\end{cases}$

14. 当 a 取什么值时,下列线性方程组无解?有唯一解?有无穷解?

$$\begin{cases}x_1+2x_2+x_3=1,\\ 2x_1+3x_2+(a+2)x_3=3,\\ x_1+ax_2-2x_3=0.\end{cases}$$

15. 已知 $P(A)=0.4$, $P(B)=0.3$,又 A 与 B 相互独立,求 $P(A+B)$.

16. 设随机变量 X 的概率密度为 $p(x)=\begin{cases}2x, & 0\leqslant x\leqslant 1,\\ 0, & 其他.\end{cases}$

求:(1) $P(0.3\leqslant X\leqslant 0.7)$; (2) $P(0.5\leqslant X\leqslant 1.5)$.

17. 设随机事件 A,B, $P(A)=\frac{1}{2}$, $P(B)=\frac{1}{3}$, $P(B|A)=\frac{1}{2}$.

求:(1) $P(AB)$; (2) $P(A+B)$; (3) $P(A|B)$.

18. 判定级数 $\sum\limits_{n=1}^{\infty}\frac{1}{n(n+1)}$ 的敛散性.

19. 判定级数 $\sum\limits_{n=1}^{\infty}(-1)^n\frac{2^n}{n}$ 的敛散性.

20. 求级数 $\sum\limits_{n=1}^{\infty}(-1)^n\frac{x^n}{n}$ 的收敛半径及区间.

四、应用解答题(本大题共 2 小题,每小题 10 分,共 20 分)

21. 已知 n 阶矩阵 $\boldsymbol{A}$ 和 $\boldsymbol{B}$ 满足 $\boldsymbol{A}+\boldsymbol{B}=\boldsymbol{AB}$,且 $\boldsymbol{B}=\begin{pmatrix}1 & -3 & 0\\ 2 & 1 & 0\\ 0 & 0 & 2\end{pmatrix}$,求矩阵 $\boldsymbol{A}$.

22. 某射手有 3 发子弹用来射击某一目标,射击一次命中的概率是 0.8. 如果命中了就停止射击,否则就一直射到子弹用尽,求:

(1) 耗尽子弹数 ξ 的分布列;

(2) 求 $E(\xi)$.

高职高等数学基础综合测试题(18)

题号	一	二	三	四	总分
得分					

一、单项选择题(本大题共 5 小题,每小题 2 分,共 10 分)

1. 设矩阵 $\boldsymbol{A}_{mn}$,$\boldsymbol{B}_{ms}$,$\boldsymbol{C}_{ms}$,则下列运算有意义的是(　　).

   A. $\boldsymbol{A}+\boldsymbol{B}+\boldsymbol{C}$　　B. $\boldsymbol{A}^{\mathrm{T}}(\boldsymbol{B}+\boldsymbol{C})$　　C. $\boldsymbol{ABC}$　　D. $\boldsymbol{BCA}^{\mathrm{T}}$

2. 设 $\boldsymbol{A}$,$\boldsymbol{B}$,$\boldsymbol{C}$ 为 n 阶方阵,若 $\boldsymbol{AB}=\boldsymbol{BA}$,$\boldsymbol{AC}=\boldsymbol{CA}$,则 $\boldsymbol{ABC}=$(　　).

   A. $\boldsymbol{ACB}$　　B. $\boldsymbol{CAB}$　　C. $\boldsymbol{BCA}$　　D. $\boldsymbol{CBA}$

3. 设事件 A 和 B 满足 $P(B|A)=1$,则(　　).

   A. A 是必然事件　　B. $P(B|\overline{A})=0$　　C. $A\supset B$　　D. $P(AB)=P(A)$

4. 设 $P(A)=a$, $P(B)=b$, $P(A+B)=c$, 则 $P(AB)=$(　　).

   A. ab　　B. $a+b$　　C. $c-a-b$　　D. $a+b-c$

5. p 级数 $\sum\limits_{n=1}^{\infty}\dfrac{1}{n^p}$ 收敛,则(　　).

   A. $p=1$　　B. $0<p<1$　　C. p 为任意数　　D. $p>1$

二、填空题(本大题共 5 小题,每小题 2 分,共 10 分)

6. 已知 $\boldsymbol{A}=\begin{vmatrix}1 & 0 & 1\\0 & -3 & 4\\1 & 5 & 6\end{vmatrix}$,则 $\boldsymbol{A}$ 的行列式为__________.

7. 设 $\boldsymbol{A}=\begin{pmatrix}5 & -2 & 1\\3 & 4 & -1\end{pmatrix}$, $\boldsymbol{B}=\begin{pmatrix}-1 & 2 & 0\\-1 & 1 & 1\end{pmatrix}$,则 $\boldsymbol{AB}^{\mathrm{T}}=$__________.

8. 设 $A=\{x|3<x\leqslant 8\}$,$B=\{x|4\leqslant x<6\}$,则事件 $AB=$__________.

9. 设 X 服从区间$[1,4]$上的均匀分布,则 X 的概率密度为 $p(x)=$__________.

10. 级数$\dfrac{1}{3}+\dfrac{1}{9}+\dfrac{1}{27}+\cdots+\dfrac{1}{3^n}+\cdots$ 的部分和极限$\lim\limits_{n\to\infty}S_n=$__________.

三、计算题(本大题共 10 题,每小题 6 分,共 60 分)

11. 求 $\boldsymbol{A}=\begin{vmatrix}2 & 1 & 3\\3 & 2 & 1\\5 & 3 & 4\end{vmatrix}$ 的秩.

12. 求 $\boldsymbol{A}=\begin{vmatrix}1 & 2 & 3\\2 & 2 & 1\\3 & 4 & 3\end{vmatrix}$ 的逆矩阵.

13. 解方程组 $\begin{cases}4x_1+2x_2-x_3=2,\\3x_1-2x_2+2x_3=10,\\11x_1+3x_2=8.\end{cases}$

14. 当 μ,λ 取什么值时，下列线性方程组无解？有唯一解？有无穷解？

$$\begin{cases} x_1+2x_3=-1, \\ -x_1+x_2-3x_3=2, \\ 2x_1-x_2+\mu x_3=\lambda. \end{cases}$$

15. 已知 $P(A)=0.4$，$P(B)=0.3$，又 A 与 B 相互独立，求 $P(A+B)$.

16. 设盒中有 8 个球，其中红球 3 个，白球 5 个.

(1) 若从中随机取一球，试求“出现红球”的概率；

(2) 若从中随机取两球，试求“取出的一个是红球一个是白球”的概率.

17. 设 X 的分布列为

X	-1	0	2	3
p_k	$\frac{1}{8}$	$\frac{1}{4}$	$\frac{3}{8}$	$\frac{1}{4}$

求 EX，DX.

18. 判定级数 $1-\frac{2}{3}+\frac{3}{5}-\frac{4}{7}+\cdots+(-1)^{n-1}\frac{n}{2n-1}+\cdots$ 的敛散性.

19. 判定级数 $\sum_{n=1}^{\infty}\frac{1}{2^{2n-1}(2n-1)}$ 的敛散性.

20. 将 $f(x)=\frac{1}{x-1}$ 展开成 $x-2$ 的幂级数.

四、应用解答题(本大题共 2 小题，每小题 10 分，共 20 分)

21. 已知 $\boldsymbol{X}=\boldsymbol{AX}+\boldsymbol{B}$，其中 $\boldsymbol{A}=\begin{pmatrix} 0 & 1 & 0 \\ -1 & 1 & 1 \\ -1 & 0 & 1 \end{pmatrix}$，$\boldsymbol{B}=\begin{pmatrix} 1 & -1 \\ 2 & 0 \\ 5 & -3 \end{pmatrix}$，求矩阵 $\boldsymbol{X}$.

22. 某仪器装有三只独立工作的同型号电子元件，其寿命 ξ(单位:小时)都服从同一分布，其分布密度为 $f(x)=\begin{cases} \frac{150}{x^2}, & x>150 \\ 0, & x\leqslant 150 \end{cases}$，求在仪器使用的最初 200 小时内恰好有两只电子元件损坏的概率.

高职高等数学基础综合测试题(19)

题号	一	二	三	四	总分
得分					

一、单项选择题(本大题共5小题,每小题2分,共10分)

1. 设$\boldsymbol{A}$是3阶方阵,$|\boldsymbol{A}|=3$,则行列式$|3\boldsymbol{A}|=$(　　).

A. 3　　B. 3^2　　C. 3^3　　D. 3^4

2. 设$\boldsymbol{A},\boldsymbol{B}$为$n$阶方阵,下列结论正确的是(　　).

A. 若$\boldsymbol{A},\boldsymbol{B}$均可逆,则$\boldsymbol{A}+\boldsymbol{B}$可逆　　B. 若$\boldsymbol{A},\boldsymbol{B}$均可逆,则$\boldsymbol{AB}$可逆

C. 若$\boldsymbol{A}+\boldsymbol{B}$可逆,则$\boldsymbol{A}-\boldsymbol{B}$可逆　　D. 若$\boldsymbol{A}+\boldsymbol{B}$可逆,则$\boldsymbol{AB}$可逆

3. 同时掷甲、乙两个均匀的骰子,设$A=\{$两骰子出现相同点数$\}$,则$P(A)=$(　　).

A. $\frac{1}{3}$　　B. $\frac{1}{6}$　　C. $\frac{6}{11}$　　D. $\frac{1}{9}$

4. 下列句子为命题的是(　　).

A. 天气真好呀!　　B. 你出去吗?　　C. π是有理数.　　D. 我正在说谎.

5. 5阶无向完全图的边数是(　　).

A. 5　　B. 8　　C. 10　　D. 15

二、填空题(本大题共5小题,每小题2分,共10分)

6. 已知$\boldsymbol{B}^{\mathrm{T}}=\boldsymbol{B}$,则$(\boldsymbol{ABA}^{\mathrm{T}})^{\mathrm{T}}=$__________.

7. 设$\boldsymbol{A}=\begin{pmatrix}0&1\\2&3\end{pmatrix}$,$\boldsymbol{B}=\begin{pmatrix}2&1\\2&0\end{pmatrix}$,$\boldsymbol{C}=\begin{pmatrix}3&6\\1&4\end{pmatrix}$,则$\boldsymbol{ABC}=$__________.

8. 已知$P(A)=0.4$,$P(B)=0.3$,又A与B相互独立,则$P(AB)=$__________.

9. 五种逻辑联结词运算的优先次序为__________.

10. __________称为零图.

三、计算题(本大题共10题,每小题6分,共60分)

11. 求$\boldsymbol{A}=\begin{pmatrix}1&2&-1\\3&-1&2\\11&1&0\end{pmatrix}$的秩.

12. 求$\boldsymbol{A}=\begin{pmatrix}2&2&3\\1&-1&0\\-1&2&1\end{pmatrix}$的逆矩阵.

13. 解方程组$\begin{cases}x_1-2x_2+3x_3=4,\\x_2-x_3=-3,\\x_1+3x_2=1.\end{cases}$

14. 当 m,n 取什么值时，下列线性方程组无解？有唯一解？有无穷解？

$$\begin{cases}x_1+2x_2+3x_3=6,\\x_1-x_2+6x_3=0,\\3x_1-2x_2+mx_3=n.\end{cases}$$

15. 已知 $P(A)=0.4$，$P(B)=0.3$，又 A 与 B 相互独立，求 $P(A|B)$.

16. 设随机变量 X 的概率密度为 $p(x)=\begin{cases}2x, & 0\leqslant x\leqslant 1,\\0, & \text{其他}.\end{cases}$

求：(1) $P(0.3\leqslant X\leqslant 0.7)$；(2) $P(0.5\leqslant X\leqslant 1.5)$.

17. 某工厂有甲、乙、丙三个车间，生产同一种新产品，每个车间的产量占全厂 25%，35%，40%，每个车间的次品率分别为 5%，4%，2%，求全厂的次品率.

18. 求赋值命题公式 $(P\rightarrow Q)\wedge(R\rightarrow Q)$ 的真值.（其中指定解释 $\{P,Q,R\}=\{0,1,1\}$）

19. 用谓词公式表达命题：没有不犯错误的人.

20. 一棵树有 6 个分枝点，分别是：2 个 2 度结点、1 个 3 度结点、3 个 4 度结点，问它有几片树叶？

四、应用解答题（本大题共 2 小题，每小题 10 分，共 20 分）

21. 问 λ 为何值时，方程组 $\begin{cases}\lambda x_1+x_2-x_3=0\\x_1+\lambda x_2-x_3=0\\2x_1-x_2+x_3=0\end{cases}$ 有非零解？

22. 假定用于通讯的电文由 10 个字母 A,B,C,D,E,F,G,H,I,J 组成，各字母在电文中出现的频数分别为 5,15,12,3,6,10,11,18,16,4，试为这 10 个字母设计哈夫曼编码.

高职高等数学基础综合测试题(20)

题号	一	二	三	四	总分
得分					

一、单项选择题(本大题共 5 小题,每小题 2 分,共 10 分)

1. 行列式 $A=\begin{vmatrix} 2 & 0 & 8 \\ -3 & 1 & 5 \\ 2 & 9 & 7 \end{vmatrix}$ 的代数余子式 A_{12} 的值为(　　).

   A. -31　　B. 31　　C. 0　　D. 11

2. 已知 $\boldsymbol{AB}=\boldsymbol{AC}$,则(　　).

   A. 若 $\boldsymbol{A}=\boldsymbol{O}$,则 $\boldsymbol{B}=\boldsymbol{C}$　　B. 若 $\boldsymbol{A}\neq\boldsymbol{O}$,则 $\boldsymbol{B}=\boldsymbol{C}$

   C. $\boldsymbol{B}=\boldsymbol{C}$　　D. $\boldsymbol{B}$ 可能不等于 $\boldsymbol{C}$

3. 设 $P(A)=0.5$, $P(B)=0.4$,且条件概率 $P(B|A)=0.6$ 则 $P(A+B)=$ (　　).

   A. 0.6　　B. 0.9　　C. 0.7　　D. 0.66

4. 下列句子为命题的是(　　).

   A. 天气真好呀!　　B. 你出去吗?　　C. π 是有理数.　　D. 我正在说谎.

5. 5 阶有向完全图的边数是(　　).

   A. 10　　B. 16　　C. 20　　D. 30

二、填空题(本大题共 5 小题,每小题 2 分,共 10 分)

6. 已知 $\boldsymbol{A}=\begin{pmatrix} 1 & 0 & 1 \\ 0 & 2 & 0 \\ 1 & 0 & 1 \end{pmatrix}$ 且矩阵 $\boldsymbol{X}$ 满足 $\boldsymbol{AX}+\boldsymbol{E}=\boldsymbol{A}^2+\boldsymbol{X}$(其中 $\boldsymbol{E}$ 为三阶单位矩阵),则 $\boldsymbol{X}$ $=$____________.

7. 设 $\boldsymbol{A}=\begin{pmatrix} a & 0 & 0 \\ 0 & b & 0 \\ 0 & 0 & c \end{pmatrix}$,且 $abc\neq 0$,则 $\boldsymbol{A}^{-1}=$____________.

8. 设三个事件 A,B,C,则三个中至少有一个发生可表示为____________.

9. $P\rightarrow Q\Leftrightarrow$ ____________.

10. ____________称为简单图.

三、计算题(本大题共 10 题,每小题 6 分,共 60 分)

11. 求 $\boldsymbol{A}=\begin{pmatrix} 2 & 1 & -1 & 1 \\ 3 & -2 & 1 & -3 \\ 1 & 4 & -3 & 5 \end{pmatrix}$ 的秩.

12. 求 $\boldsymbol{A}=\begin{pmatrix}0 & 2 & -1\\ 1 & 1 & 2\\ -1 & -1 & -1\end{pmatrix}$ 的逆矩阵.

13. 判断下列方程组解的情况 $\begin{cases}x_1+2x_2+x_3-x_4=4,\\ 5x_1+10x_2+x_3-5x_4=3,\\ 3x_1+6x_2-x_3-3x_4=2.\end{cases}$

14. 设矩阵

$$\boldsymbol{A}=\begin{pmatrix}1 & 2 & 3\\ -1 & 0 & 1\\ 0 & 3 & 2\end{pmatrix},\quad \boldsymbol{B}=\begin{pmatrix}1 & 3\\ 2 & -1\\ -1 & 3\end{pmatrix}.$$

求 $(\boldsymbol{AB})^{\mathrm{T}}$ 和 $\boldsymbol{B}^{\mathrm{T}}\boldsymbol{A}^{\mathrm{T}}$.

15. 已知 $P(A)=0.4$, $P(B)=0.3$,又 A 与 B 相互独立,求 $P(A+B)$.

16. 设 $X\sim N(0,1)$,求 $P(1.25<X<1.65)$.

[$\Phi(0)=0.5, \Phi(1)=0.8413, \Phi(1.25)=0.8944, \Phi(1.65)=0.9505$]

17. 设袋中有 5 个球,其中红球 3 个,白球 2 个.第一次从袋中任取一个球,随即放回,第二次再任取一球.求:

(1) 两只球都是红球的概率;

(2) 两只球一红一白的概率;

(3) 两只球中至少是一只白球的概率.

18. 求赋值命题公式 $\neg P\wedge R\leftrightarrow Q$ 的真值.(其中指定解释 $\{P,Q,R\}=\{0,1,1\}$).

19. 设有向图如右图,

求 $\sum_{i=1}^{4}\deg^{+}(v_i)$.

(注:符号 $\deg^{+}(v)$ 表示结点 v 的出度.)

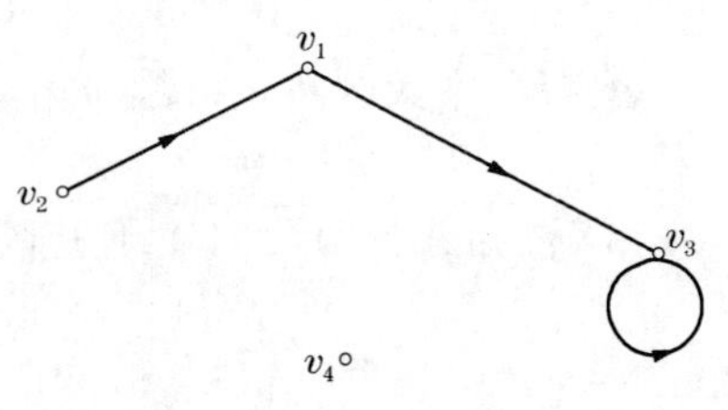

20. 一棵树有 6 个分枝点,分别是:2 个 2 度结点、1 个 3 度结点、3 个 4 度结点,问它有几片树叶?

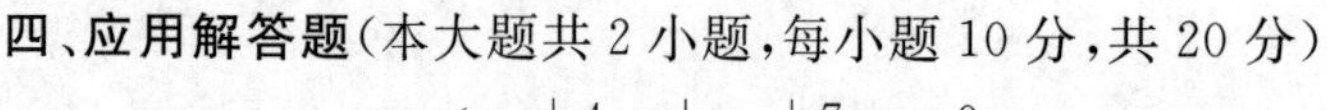

四、应用解答题(本大题共 2 小题,每小题 10 分,共 20 分)

21. 求方程组 $\begin{cases}x_1+4x_2+x_3+7x_4=0,\\ 2x_1+3x_2+11x_4=0,\\ 3x_1+9x_2+x_3+8x_4=0.\end{cases}$ 的基础解系.

22. 用数理逻辑证明:一台电脑处于死机状态的原因,或是由于病毒或是由于非法操作;这台电脑虽死机但未染病毒,所以此电脑死机的原因是由于非法操作.

高职高等数学基础综合测试题(21)

题号	一	二	三	四	总分
得分					

一、单项选择题(本大题共 5 小题,每小题 2 分,共 10 分)

1. 已知四阶行列式 A 的值为 2,将的第三行元素乘以-1加到第四行相应的元素上面,则新行列式的值为(　　).

A. 2　　B. 0　　C. -1　　D. -2

2. 设 $\boldsymbol{A}$ 是 3 阶方阵,$|\boldsymbol{A}|=3$,则行列式$|3\boldsymbol{A}|=$(　　).

A. 3　　B. 3^2　　C. 3^3　　D. 3^4

3. 设 A,B 为两随机事件,且 $B\subset A$,则下列式子正确的是(　　).

A. $P(A+B)=P(A)$　　B. $P(AB)=P(A)$

C. $P(B|A)=P(B)$　　D. $P(B-A)=P(B)-P(A)$

4. 下列句子为命题的是(　　).

A. 请跟我来!　　B. 你喜欢学习吗?

C. $\sqrt{3}$是有理数.　　D. $11+1=100$.

5. 设 G 是有 n 个结点,m 条边的连通图,必须删去 G 的(　　)条边,才能得到 G 的一棵生成树.

A. $m-n+1$　　B. $n-m$　　C. $m+n+1$　　D. $n-m+1$

二、填空题(本大题共 5 小题,每小题 2 分,共 10 分)

6. 已知 $\boldsymbol{A},\boldsymbol{B},\boldsymbol{C}$ 为 n 阶可逆方阵,则$(\boldsymbol{ABC})^{-1}=$______________.

7. 设 $\boldsymbol{A}=\begin{pmatrix}1 & 1 & 2\\ 3 & 2 & 1\\ 1 & 3 & 3\end{pmatrix}$,则 $\boldsymbol{A}^{-1}=$______________.

8. 已知 $P(A)=0.4$, $P(A+B)=0.7$,又 A 与 B 相互独立,则 $P(B)=$__________.

9. $P\wedge(Q\vee R)\Leftrightarrow$__________________.

10. ____________________叫作环.

三、计算题(本大题共 10 题,每小题 6 分,共 60 分)

11. 求 $\boldsymbol{A}=\begin{pmatrix}1 & 1 & -1 & 1\\ 3 & 2 & 1 & 3\\ 0 & 1 & 2 & 2\end{pmatrix}$的秩.

12. 求 $\boldsymbol{A}=\begin{pmatrix}1 & 2 & 4\\ 2 & 3 & 1\\ 1 & 1 & 0\end{pmatrix}$的逆矩阵.

13. 解方程组 $\begin{cases} x_1+x_2-x_3+x_4=0, \\ x_1+2x_2-x_3+2x_4=1, \\ x_1-x_2+x_3-x_4=2. \end{cases}$

14. 设矩阵 $\boldsymbol{A}=\begin{pmatrix} 5 & -2 & 1 \\ 3 & 4 & -1 \end{pmatrix}$，$\boldsymbol{B}=\begin{pmatrix} -1 & 4 & 1 \\ 2 & 2 & 7 \end{pmatrix}$，求 $\boldsymbol{AB}^{\mathrm{T}}$.

15. 已知 $P(A)=0.4$，$P(B)=0.3$，又 A 与 B 相互独立，求 $P(A|B)$.

16. 设随机变量 X 的概率密度为 $p(x)=\begin{cases} 2x, & 0\leqslant x\leqslant 1, \\ 0, & 其他. \end{cases}$

求：(1) $P(0.3\leqslant X\leqslant 0.7)$；(2) $P(0.5\leqslant X\leqslant 1.5)$.

17. 设随机事件 A,B，$P(A)=\frac{1}{2}$，$P(B)=\frac{1}{3}$，$P(B|A)=\frac{1}{2}$.

求：(1) $P(AB)$；(2) $P(A+B)$；(3) $P(A|B)$.

18. 求赋值命题公式 $\neg(P\to Q)\to(R\leftrightarrow Q)$ 的真值.（其中指定解释 $\{P,Q,R\}=\{0,1,1\}$）

19. 用谓词公式表达命题：有些动物既是人类的朋友，又是人类的食物.

20. 设有向图如右图，

求 $\sum\limits_{i=1}^{4}\deg^{+}(v_i)$.

（注：符号 $\deg^{+}(v)$ 表示结点 v 的出度.）

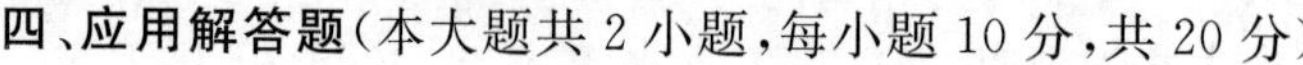

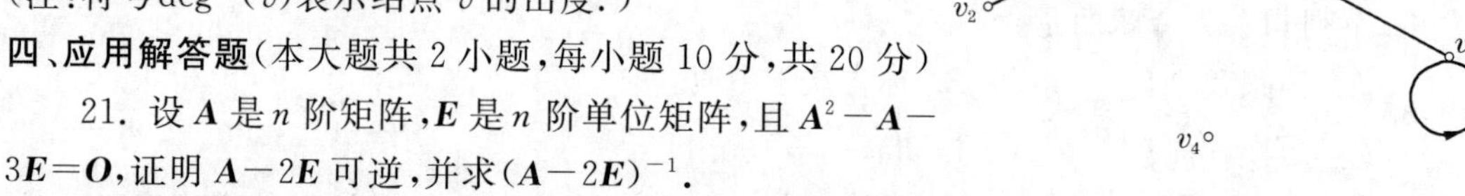

四、应用解答题（本大题共 2 小题，每小题 10 分，共 20 分）

21. 设 $\boldsymbol{A}$ 是 n 阶矩阵，$\boldsymbol{E}$ 是 n 阶单位矩阵，且 $\boldsymbol{A}^2-\boldsymbol{A}-3\boldsymbol{E}=\boldsymbol{O}$，证明 $\boldsymbol{A}-2\boldsymbol{E}$ 可逆，并求 $(\boldsymbol{A}-2\boldsymbol{E})^{-1}$.

22. 假定用于通讯的电文仅由 8 个字母 A,B,C,D,E,F,G,H 组成，各字母在电文中出现的频数分别为 5,25,3,6,10,11,36,4，试为这 8 个字母设计哈夫曼码.

高职高等数学基础综合测试题(22)

题号	一	二	三	四	总分
得分					

一、单项选择题(本大题共 5 小题,每小题 2 分,共 10 分)

1. 行列式 $A=\begin{vmatrix}3&8&6\\5&1&2\\1&0&7\end{vmatrix}$ 的元素 a_{21} 的余子式 A_{21} 的值为(　　).

A. 33　　B. -33　　C. 56　　D. -56

2. 已知四阶行列式 A 的值为 2,将的第三行元素乘以 -1 加到第四行相应的元素上面,则新行列式的值为(　　).

A. 2　　B. 0　　C. -1　　D. -2

3. 设事件 A,B,C,则三个事件至少有一个发生应表示为(　　).

A. $A+B+C$　　B. $AB\overline{C}+A\overline{B}C+\overline{A}BC$　　C. $\overline{A}BC$　　D. $\overline{A}\overline{B}C+\overline{A}B\overline{C}+A\overline{B}\overline{C}$

4. 下列句子为命题的是(　　).

A. 请跟我来!　　B. 你喜欢学习吗?

C. $\sqrt{3}$是有理数.　　D. $11+1=100$.

5. 设树 T 有 7 条边,则 T 有(　　)个结点.

A. 5　　B. 6　　C. 7　　D. 8

二、填空题(本大题共 5 小题,每小题 2 分,共 10 分)

6. 已知 $\boldsymbol{A}=\begin{pmatrix}1&-1&-1\\2&-1&-3\\3&2&-5\end{pmatrix}$,则 $\boldsymbol{A}^{-1}=$______________.

7. 设 $\boldsymbol{A}=\begin{pmatrix}1&2&3\\1&2&1\\2&4&6\end{pmatrix}$,则元素 a_{21} 的余子式 $A_{21}=$______________.

8. 已知 $P(A)=0.4$, $P(B)=0.3$,$P(AB)=0.18$,则 $P(\overline{A+B})=$__________.

9. $\neg(P\wedge Q)\Leftrightarrow$ ________________.

10. 根树中,树叶的入度为______ ,出度为______ .

三、计算题(本大题共 10 题,每小题 6 分,共 60 分)

11. 求 $\boldsymbol{A}=\begin{pmatrix}1&-2&3&-1\\3&-1&5&3\\2&1&2&3\end{pmatrix}$ 的秩.

12. 求 $\boldsymbol{A}=\begin{pmatrix}1&1&2\\3&3&1\\5&3&2\end{pmatrix}$ 的逆矩阵.

13. 解方程组 $\begin{cases}x_1+x_2-x_3+x_4=0,\\x_1+2x_2-x_3+2x_4=1,\\x_1-x_2+x_3-x_4=2.\end{cases}$

14. 设矩阵

$$\boldsymbol{A}=\begin{pmatrix}1&2&3&4\\4&7&-1&-2\\2&8&1&-4\end{pmatrix},\quad \boldsymbol{B}=\begin{pmatrix}4&2&7&0\\1&-3&3&5\\5&2&1&0\end{pmatrix},$$

求 $\boldsymbol{A}+\boldsymbol{B}$ 和 $\boldsymbol{A}\boldsymbol{B}^{\mathrm{T}}$.

15. 已知 $P(A)=0.4$, $P(B)=0.3$,又 A 与 B 相互独立,求 $P(A+B)$.

16. 设盒中有 8 个球,其中红球 3 个,白球 5 个.

(1) 若从中随机取一球,试求“出现红球”的概率;

(2) 若从中随机取两球,试求“取出的一个是红球一个是白球”的概率.

17. 设 X 的分布列为

X	-1	0	2	3
p_k	$\frac{1}{8}$	$\frac{1}{4}$	$\frac{3}{8}$	$\frac{1}{4}$

求 EX, DX.

18. 符号化命题:张荣是计算机系学生,住在 1 号公寓 305 室或 306 室.

19. 设 $T=\langle V,E\rangle$ 是一棵树,树中结点数 $|V|=20$,树叶共有 8 片,所有结点的度均 $\leqslant 3$,求 2 度结点和 3 度结点各有多少?

20. 求下图所示最小生成树.

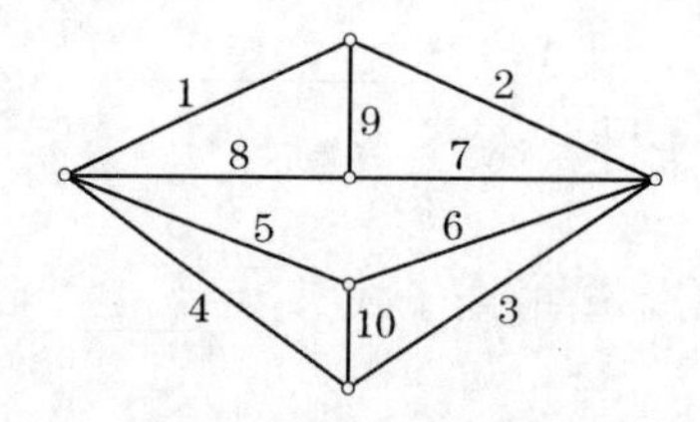

四、应用解答题(本大题共 2 小题,每小题 10 分,共 20 分)

21. 已知 $\boldsymbol{A},\boldsymbol{B}$ 为 3 阶矩阵,且满足 $2\boldsymbol{B}+4\boldsymbol{A}=\boldsymbol{A}\boldsymbol{B}$,其中 $\boldsymbol{E}$ 是 3 阶单位矩阵,

$$\boldsymbol{A}=\begin{pmatrix}0&2&0\\-1&-1&0\\0&0&-2\end{pmatrix},$$

求矩阵 $\boldsymbol{B}$.

22. 推理证明:$A\vee B$, $A\rightarrow\neg C$, $D\rightarrow E$, $\neg D\rightarrow C$, $\neg E\Rightarrow B$.

高职高等数学基础综合测试题(23)

题号	一	二	三	四	总分
得分					

一、单项选择题(本大题共5小题,每小题2分,共10分)

1. 有关矩阵的下列说法正确的是( ).

A. $(\boldsymbol{AB})^{\mathrm{T}}=\boldsymbol{A}^{\mathrm{T}}\boldsymbol{B}^{\mathrm{T}}$　　B. $(\boldsymbol{AB})^{\mathrm{T}}=(\boldsymbol{BA})^{\mathrm{T}}$

C. $(\boldsymbol{AB})^{-1}=(\boldsymbol{BA})^{-1}$　　D. $(\boldsymbol{AB})^{-1}=\boldsymbol{B}^{-1}\boldsymbol{A}^{-1}$

2. 已知四阶行列式A的第三列元素依次是$-1,2,0,1$,它们的余子式分别是$5,3,-7,4$,行列式A的值为( ).

A. -5　　B. 5　　C. 0　　D. 1

3. 同时掷甲、乙两个均匀的骰子,设$A=\{$两骰子出现不同点数$\}$,则$P(A)=$( ).

A. $\frac{1}{3}$　　B. $\frac{1}{6}$　　C. $\frac{6}{11}$　　D. $\frac{5}{6}$

4. 下列句子为命题的是( ).

A. 请跟我来!　　B. 你喜欢学习吗?　　C. $\sqrt{3}$是有理数.　　D. $11+1=100$.

5. 设树T有7条边,则T有( )个结点.

A. 5　　B. 6　　C. 7　　D. 8

二、填空题(本大题共5小题,每小题2分,共10分)

6. 行列式$A=\begin{vmatrix}1&2&3\\2&2&1\\3&4&3\end{vmatrix}=$____________.

7. 设$\boldsymbol{A}=\begin{pmatrix}1&2&3\\1&2&1\\2&4&6\end{pmatrix}$,则元素$a_{33}$的代数余子式$A_{33}=$__________.

8. 设X的分布为

X	0	1	2	4
p_k	0.1	a	0.4	0.1

则$a=$____________.

9. 五种逻辑联结词运算的优先次序为________________.

10. 每个环给其对应结点施加的次数为______.

三、计算题(本大题共10题,每小题6分,共60分)

11. 求$\boldsymbol{A}=\begin{pmatrix}1&3&-7&-8\\2&5&4&4\\1&5&2&4\\1&4&-12&-14\end{pmatrix}$的秩.

12. 求$\boldsymbol{A}=\begin{pmatrix}1&-1&-1\\4&-3&-3\\3&1&2\end{pmatrix}$的逆矩阵.

13. 判断下列方程组解的情况$\begin{cases}x_1+2x_2+x_3-x_4=4,\\5x_1+10x_2+x_3-5x_4=3,\\3x_1+6x_2-x_3-3x_4=2.\end{cases}$

14. 解矩阵方程$\boldsymbol{AX}=\boldsymbol{B}+\boldsymbol{X}$,其中

$$\boldsymbol{A}=\begin{pmatrix}2&-1&0\\1&0&3\\-1&0&2\end{pmatrix},\quad \boldsymbol{B}=\begin{pmatrix}1&0&2\\-1&3&5\\1&2&0\end{pmatrix}.$$

15. 已知$P(A)=0.4$, $P(B)=0.3$, $P(AB)=0.18$,求$P(\overline{A+B})$.

16. 设$X\sim N(0,1)$,求$P(1.25<X<1.65)$.

[$\Phi(0)=0.5,\Phi(1)=0.8413,\Phi(1.25)=0.8944,\Phi(1.65)=0.9505$]

17. 设袋中有5个球,其中红球3个,白球2个.第一次从袋中任取一个球,随即放回,第二次再任取一球.求:

(1) 两只球都是红球的概率;

(2) 两只球一红一白的概率;

(3) 两只球中至少是一只白球的概率.

18. 求赋值命题公式$\neg(P\rightarrow Q)\rightarrow(R\leftrightarrow Q)$的真值.(其中指定解释$\{P,Q,R\}=\{0,1,1\}$)

19. 用谓词公式表达命题:在中国工作的人未必都是中国人.

20. 求下图所示最小生成树.

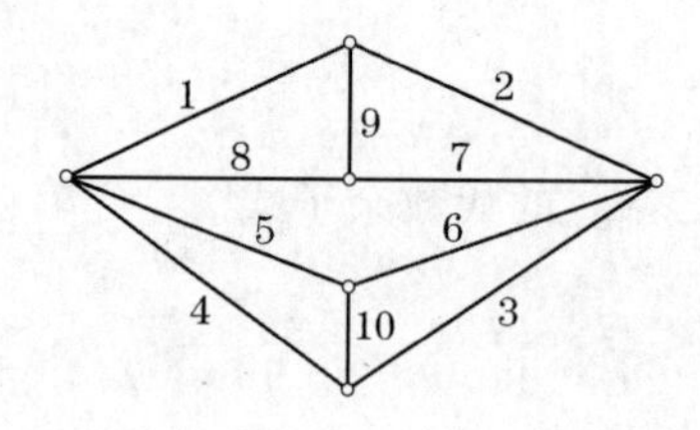

四、应用解答题(本大题共2小题,每小题10分,共20分)

21. 设$\boldsymbol{A}=\begin{pmatrix}0&1&0\\-1&1&1\\-1&0&0\end{pmatrix}$, $\boldsymbol{B}=\begin{pmatrix}1&0\\1&1\\1&1\end{pmatrix}$,矩阵$\boldsymbol{X}$满足$\boldsymbol{X}=\boldsymbol{AX}+\boldsymbol{B}$,求矩阵$\boldsymbol{X}$.

22. 假定用于通讯的电文由10个字母A,B,C,D,E,F,G,H,I,J组成,各字母在电文中出现的频数分别为5,15,12,3,6,10,11,18,16,4,试为这10个字母设计哈夫曼编码.

高职高等数学基础综合测试题(24)

题号	一	二	三	四	总分
得分					

一、单项选择题(本大题共 5 小题,每小题 2 分,共 10 分)

1. 有关矩阵的乘法运算律下列叙述正确的是(　　).

   A. 满足交换律,不满足消去律　　B. 不满足交换律,满足消去律

   C. 不满足交换律,不满足消去律　　D. 满足交换律,满足消去律

2. 已知 $\boldsymbol{AB}=\boldsymbol{AC}$,则(　　).

   A. 若 $\boldsymbol{A}=\boldsymbol{O}$,则 $\boldsymbol{B}=\boldsymbol{C}$　　B. 若 $\boldsymbol{A}\neq\boldsymbol{O}$,则 $\boldsymbol{B}=\boldsymbol{C}$

   C. $\boldsymbol{B}=\boldsymbol{C}$　　D. $\boldsymbol{B}$ 可能不等于 $\boldsymbol{C}$

3. 设 $P(A)=a$, $P(B)=b$, $P(A+B)=c$, 则 $P(AB)=$ (　　).

   A. ab　　B. $a+b$　　C. $c-a-b$　　D. $a+b-c$

4. 下列句子为命题的是(　　).

   A. 请跟我来!　　B. 你喜欢学习吗?

   C. $\sqrt{3}$是有理数.　　D. $11+1=100$.

5. 在有 3 个结点的图中,度数为奇数的结点个数为(　　).

   A. 0　　B. 1　　C. 1 或 3　　D. 0 或 2

二、填空题(本大题共 5 小题,每小题 2 分,共 10 分)

6. 行列式 $A=\begin{vmatrix} 3 & 1 & -2 \\ -8 & 6 & -4 \\ 4 & -3 & 2 \end{vmatrix}=$__________.

7. 设 $\boldsymbol{A}=\begin{pmatrix} 1 & 2 & 3 \\ 1 & 2 & 1 \\ 2 & 4 & 6 \end{pmatrix}$, 则 $\mathrm{r}(\boldsymbol{A})=$__________.

8. 设三个事件 A,B,C,则三个中只有一个发生可表示为__________.

9. 若 P 为假命题,Q 为真命题,则条件命题“$P\to Q$”为______命题.

10. 根树中,树叶的入度为______,出度为______.

三、计算题(本大题共 10 题,每小题 6 分,共 60 分)

11. 求 $\boldsymbol{A}=\begin{pmatrix} 1 & 3 & -7 & -8 \\ 2 & 5 & 4 & 4 \\ 1 & 5 & 2 & 4 \\ 1 & 4 & -12 & -14 \end{pmatrix}$ 的秩.

12. 求 $\mathbf{A}=\begin{pmatrix}1 & -1 & -1\\4 & -3 & -3\\3 & 1 & 2\end{pmatrix}$ 的逆矩阵.

13. 解方程组 $\begin{cases}x_1-x_2-x_3=2,\\2x_1-x_2-3x_3=1,\\3x_1+2x_2-5x_3=0.\end{cases}$

14. 设

$$\mathbf{A}=\begin{pmatrix}3 & -1 & 2 & 0\\1 & 1 & -4 & 2\\0 & -2 & 3 & 1\end{pmatrix},$$

求 $\mathrm{r}(\mathbf{A}),\mathrm{r}(\mathbf{A}^{\mathrm{T}})$

15. 设 $A=\{x|3<x\leqslant 8\}$,$B=\{x|4\leqslant x<10\}$,求事件 AB.

16. 某工厂有甲、乙、丙三个车间,生产同一种新产品,每个车间的产量占全厂 25%,35%,40%,每个车间的次品率分别为 5%,4%,2%,求全厂的次品率.

17. 设随机事件 A,B, $P(A)=\frac{1}{2}$, $P(B)=\frac{1}{3}$, $P(B|A)=\frac{1}{2}$.

求:(1) $P(AB)$; (2) $P(A+B)$; (3) $P(A|B)$.

18. 对 $(\forall x)(P(x)\to R(x,y))\wedge Q(x,y)$ 换名.

19. 设有向图如右图,

求 $\sum\limits_{i=1}^{4}\deg^{+}(v_i)$.

(注:符号 $\deg^{+}(v)$ 表示结点 v 的出度.)

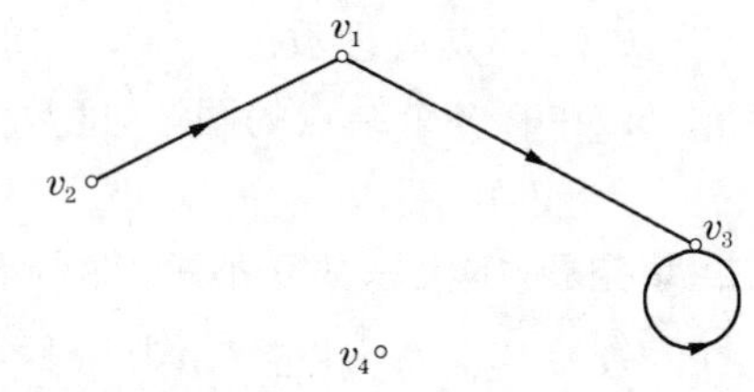

20. 求下图所示最小生成树.

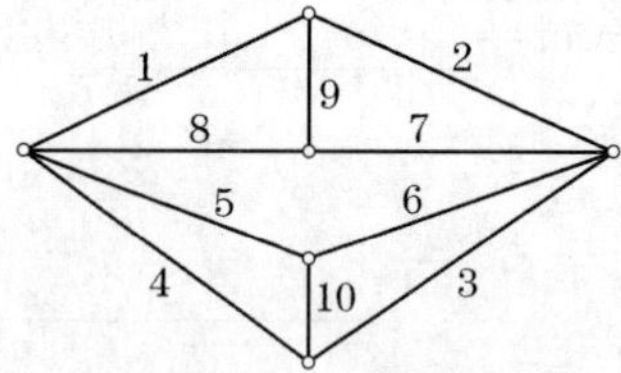

四、应用解答题(本大题共 2 小题,每小题 10 分,共 20 分)

21. 已知 $\mathbf{A}=\begin{pmatrix}1 & 0 & -1\\2 & 2 & 0\\-3 & 2 & 6\end{pmatrix}$, $\boldsymbol{B}=\begin{pmatrix}1 & 2\\0 & 1\\2 & -1\end{pmatrix}$,且 $\boldsymbol{AX}=2\boldsymbol{X}+\boldsymbol{B}$,求矩阵 $\boldsymbol{X}$.

22. 考虑以下赋值:

$G(2,2)$	$G(3,2)$	$S(2)$	$S(3)$
T	T	F	T

个体域 $I=\{2,3\}$,

指定常数 $a=2$,

指定谓词 G 和 S,

求谓词公式:$(\forall x)(S(x)\wedge G(x,a))$ 在上述赋值中的命题真值.

参考答案

高职高等数学基础综合测试题(1)

一、单项选择题

1. B　2. C　3. C　4. A　5. A

二、填空题

6. 0　7. 0　8. $6x$　9. $-\cos x+C$　10. $b-a$

三、计算题

11. 2　12. $\frac{5}{3}$　13. e^3　14. $y'=6x^2+\sin x+x\cos x$　15. $y'=\frac{1-2\ln x}{x^3}$

16. $dy=\cot x dx$　17. $\frac{1}{3}x^3+\arctan x-e^x+C$　18. $\frac{1}{2}(\ln x)^2+C$　19. $-2e^{-1}+1$

20. $y=ce^{-2x}$

四、应用解答题

21. 切线方程:$y=2x$； 法线方程:$y=-\frac{1}{2}x$　22. $\frac{1}{3}$(图略)

23. 增区间:$(-\infty,-1]$，$[3,+\infty)$； 减区间:$[-1,3]$；
极大值:$f(-1)=10$； 极小值:$f(3)=-22$

高职高等数学基础综合测试题(2)

一、单项选择题

1. D　2. B　3. D　4. C　5. B

二、填空题

6. $\frac{n(n+1)}{2}$　7. 1　8. 3　9. $\frac{3^x}{\ln 3}+C$　10. 0

三、计算题

11. $\frac{5}{4}$　12. $\frac{1}{2}$　13. e^2　14. $y'=\sin x^2+2x^2\cos x^2$　15. $y'=-\frac{4}{(2+x)^2}$

16. $dy=-\frac{1}{x^2}e^{\frac{1}{x}}dx$　17. $\frac{3^x}{\ln 3}-2\sin x+\ln|x|+C$　18. $\frac{1}{15}(3x-1)^5+C$

19. $-x\cos x+\sin x+C$　20. $\frac{1}{4}(e^2+1)$

四、应用解答题

21. 切线方程:$y-1=\frac{1}{e}(x-e)$； 法线方程:$y-1=-e(x-e)$

22. $\frac{1}{6}$(图略)

23. 增区间:$(-\infty,-1]$，$[3,+\infty)$； 减区间:$[-1,3]$；

极大值：$f(-1)=17$； 极小值：$f(3)=-47$

高职高等数学基础综合测试题(3)

一、单项选择题

1. D　2. B　3. D　4. C　5. B

二、填空题

6. $y=e^U$，$U=\sin V$，$V=\frac{1}{x}$　7. 0　8. $-6x^2\mathrm{d}x$　9. $\sin x+C$　10. 0

三、计算题

11. 0　12. $\frac{3}{4}$　13. e^3　14. $y'=2x\arctan x+1$　15. $y'=\frac{2x}{1+x^2}$

16. $\mathrm{d}y=\frac{1}{x}5^{\ln x}\ln 5\mathrm{d}x$　17. $x-\arctan x+C$　18. $\ln|\ln x|+C$

19. $x\arctan x-\frac{1}{2}\ln(1+x^2)+C$　20. 1

四、应用解答题

21. $(0,1)$，$y=1$　22. $\frac{1}{6}$(图略)　23. 最大值：11； 最小值：2

高职高等数学基础综合测试题(4)

一、单项选择题

1. B　2. D　3. C　4. C　5. C

二、填空题

6. 16　7. 0　8. $\frac{1}{2}$　9. $\sec^2 x$　10. 3

三、计算题

11. -1　12. 1　13. e^{-1}　14. $y'=2x\arctan x+\frac{x^2}{1+x^2}$　15. $y'=\frac{2x}{1+x^2}$

16. $\mathrm{d}y=\frac{2x\cos 2x-\sin 2x}{x^2}\mathrm{d}x$　17. $-\frac{1}{x}-\arctan x+C$　18. $\arctan e^x+C$

19. $-x\cos x+\sin x+C$　20. $(e-1)e^e$

四、应用解答题

21. 切线方程：$y=-x$； 法线方程：$y=x-2$　22. 18(图略)

23. 增区间：$(-\infty,1]$，$[3,+\infty)$； 减区间：$[1,3]$；
　　极大值：$f(1)=5$； 极小值：$f(3)=1$

高职高等数学基础综合测试题(5)

一、单项选择题

1. B　2. D　3. C　4. D　5. C

二、填空题

6. $4x+5$　7. $y=\cos(2x+3)$　8. $\frac{4}{5}$　9. $-\frac{1}{x^2}$　10. $\sin x+C$

三、计算题

11. -3　　12. $\frac{m}{n}$　　13. e^2　　14. $y'=2x\cos x-x^2\sin x+\frac{1}{\sqrt{1-x^2}}$

15. $y'=-4xe^{-2x^2}+2x\sec^2 x^2$　　16. $dy=e^{\sin x}\cos x dx$　　17. $\frac{2}{5}x^{\frac{5}{2}}-\frac{2}{3}x^{\frac{3}{2}}+C$

18. $\frac{1}{2}(\arctan x)^2+C$　　19. $\frac{1}{2}x^2\ln x-\frac{1}{4}x^2+C$　　20. -2

四、应用解答题

21. 切线方程：$y-2=-4\left(x-\frac{1}{2}\right)$；　法线方程：$y-2=\frac{1}{4}\left(x-\frac{1}{2}\right)$

22. $\frac{3}{2}-\ln 2$（图略）　　23. 最大值：142；　最小值：7

高职高等数学基础综合测试题(6)

一、单项选择题

1. B　　2. D　　3. D　　4. C　　5. C

二、填空题

6. $\frac{1}{x\ln a}$　　7. $y=\ln(1+x^2)$　　8. 0　　9. 2　　10. $\arctan x+C$

三、计算题

11. $\frac{2}{3}$　　12. -1　　13. e^2　　14. $y'=\tan x+x\sec^2 x+3^x\ln 3$　　15. $y'=\frac{1}{2}\sin x$

16. $dy=2e^{2x}dx$　　17. $\frac{3^x}{\ln 3}+2\cos x+\ln|x|+C$　　18. $\ln\ln x+C$

19. $-x\cos x+\sin x+C$　　20. $\frac{1}{4}(e^2+1)$

四、应用解答题

21. 切线方程：$y-\frac{1}{2}=-\frac{\sqrt{3}}{2}\left(x-\frac{\pi}{3}\right)$；　法线方程：$y-\frac{1}{2}=\frac{2\sqrt{3}}{3}\left(x-\frac{\pi}{3}\right)$

22. $e+e^{-1}-2$（图略）

23. 增区间：$(-\infty, -1]$，$[3, +\infty)$；　减区间：$[-1,3]$；
极大值：$f(-1)=10$；　极小值：$f(3)=-22$

高职高等数学基础综合测试题(7)

一、单项选择题

1. D　　2. D　　3. D　　4. B　　5. A

二、填空题

6. $\sec^2 x$　　7. 1　　8. $6x$　　9. $\cos x$　　10. $b-a$

三、计算题

11. $\frac{2}{3}$　　12. $\frac{3}{4}$　　13. e　　14. $y'=e^x-3\sin x+2x$　　15. $y'=8x(2x^2+1)$

16. $dy=(e^x-2\sin 2x)dx$　　17. $\frac{1}{3}x^3-\cos x+\ln|x|+C$　　18. $\arctan e^x+C$

19. $\frac{1}{2}x^2\arctan x-\frac{1}{2}x+\frac{1}{2}\arctan x+C$　　20. $(e-1)e^e$

四、应用解答题

21. (1,0),(−1,−4)；　切线方程：$y=4x-4$，$y=4x$

22. $\frac{4}{3}$(图略)　　23. 最大值：10；　最小值：−22

高职高等数学基础综合测试题(8)

一、单项选择题

1. B　2. D　3. C　4. A　5. B

二、填空题

6. $-\frac{1}{\sqrt{1-x^2}}$　　7. tan1　　8. $\frac{1}{2}$　　9. $-\cos x+C$　　10. 3

三、计算题

11. −4　　12. 2　　13. e^{-1}　　14. $y'=\arcsin 2x+\frac{2x}{\sqrt{1-4x^2}}$　　15. $y'=4x^3-\frac{1}{2}x^{-\frac{3}{2}}-\frac{1}{x^2}$

16. $dy=(e^x+2x\cos x^2)dx$　　17. $\frac{1}{2}\arctan 2x+C$　　18. $\ln|\ln x|+C$

19. $x\arctan x-\frac{1}{2}\ln(1+x^2)+C$　　20. 1

四、应用解答题

21. 切线方程：$y-1=\frac{1}{e}(x-e)$；　法线方程：$y-1=-e(x-e)$

22. $\frac{1}{5}\pi$(图略)

23. 增区间：$(-\infty,-1]$，$[2,+\infty)$；　减区间：$[-1,2]$；
极大值：$f(-1)=22$；　极小值：$f(2)=-5$

高职高等数学基础综合测试题(9)

一、单项选择题

1. B　2. D　3. A　4. A　5. C

二、填空题

6. $\sec^2 x$　　7. 1　　8. 3　　9. $\sin x+C$　　10. 0

三、计算题

11. 4　　12. $\frac{3}{5}$　　13. e^{-1}　　14. $y'=\ln x+1$　　15. $y'=\frac{2x\cos 2x-\sin 2x}{x^2}$

16. $dy=-4xe^{-2x^2}dx$　　17. $\frac{1}{3}x^3-x+\arctan x+C$　　18. $\arctan e^x+C$

19. $-x\cos x+\sin x+C$　　20. $(e-1)e^e$

四、应用解答题

21. 切线方程：$y-1=-\frac{1}{2}(x-1)$；　法线方程：$y-1=2(x-1)$

22. e^2-e(图略)

23. 增区间：$(-\infty,-2]$，$[1,+\infty)$； 减区间：$[-2,1]$；
极小值：$f(1)=7$； 极大值：$f(-2)=34$

高职高等数学基础综合测试题(10)

一、单项选择题

1. B 2. C 3. B 4. D 5. B

二、填空题

6. $-\dfrac{1}{1+x^2}$ 7. $\dfrac{2}{\sin 2}$ 8. $-6x^2\mathrm{d}x$ 9. $\dfrac{3^x}{\ln 3}+C$ 10. 0

三、计算题

11. $\dfrac{1}{2}$ 12. $\dfrac{4}{7}$ 13. e^{-5} 14. $y'=(2x+\mathrm{e}^x)\sin 2x+2(x^2+\mathrm{e}^x)\cos 2x$

15. $y'=2\cot 2x$ 16. $\mathrm{d}y=\left(\dfrac{2}{\sqrt{1-4x^2}}+\dfrac{1}{x}\right)\mathrm{d}x$ 17. $-\dfrac{1}{x}+\arctan x+C$

18. $x\mathrm{e}^x-\mathrm{e}^x+C$ 19. $\dfrac{1}{2}(x^2-1)\ln(x+1)-\dfrac{1}{4}x^2+\dfrac{1}{2}x+C$ 20. 1

四、应用解答题

21. 切线方程：$y=x$； 法线方程：$y=-x$

22. $\dfrac{4}{3}$(图略) 23. 最大值：244； 最小值：-31

高职高等数学基础综合测试题(11)

一、单项选择题

1. B 2. D 3. A 4. B 5. C

二、填空题

6. 0 7. $y=\ln(1+x^2)$ 8. $\dfrac{4}{5}$ 9. 2 10. $\sin x+C$

三、计算题

11. -3 12. $\dfrac{3}{7}$ 13. e^{-2} 14. $y'=\ln x+1$ 15. $y'=\dfrac{1}{x}+\dfrac{2}{\sqrt{1-4x^2}}$

16. $\mathrm{d}y=\dfrac{2}{2x-1}\mathrm{d}x$ 17. $\dfrac{3^x}{\ln 3}+2\cos x+\ln|x|+C$ 18. $\arctan \mathrm{e}^x+C$

19. $x\sin x+\cos x+C$ 20. $-2\mathrm{e}^{-1}+1$

四、应用解答题

21. 切线方程：$y=2(x-1)$，$y=2(x+1)$

22. $\dfrac{32}{5}\pi$(图略)

23. 增区间：$[-1,1]$，$[2,+\infty)$； 减区间：$(-\infty,-1]$,$[1,2]$；
极大值：$f(1)=13$ 极小值：$f(-1)=-19$，$f(2)=8$

高职高等数学基础综合测试题(12)

一、单项选择题

1. B　2. C　3. D　4. C　5. C

二、填空题

6. 0　7. $\cos(2x+3)$　8. 0　9. $-\frac{1}{x^2}$　10. $\arctan x+C$

三、计算题

11. $\frac{1}{3}$　12. $\frac{m}{n}$　13. e^{-2}　14. $y'=2e^x\cos x$　15. $y'=\frac{a^{\cos\frac{1}{x}}\ln a}{x^2}\sin\frac{1}{x}$

16. $dy=\frac{2x}{x^4+2x^2+2}dx$　17. $\frac{1}{2}x^2+\sin x+\ln|x|+C$　18. $\arctan e^x+C$

19. $-2e^{-1}+1$　20. $y=cx$

四、应用解答题

21. 切线方程:$y-3=2(x-2)$；　法线方程:$y-3=-\frac{1}{2}(x-2)$

22. $\frac{2}{15}\pi$(图略)

23. 最大值:59；　最小值:7

高职高等数学基础综合测试题(13)

一、单项选择题

1. C　2. C　3. B　4. A　5. B

二、填空题

6. $\boldsymbol{A}=\begin{pmatrix}2 & 3\\ 4 & 5\\ 1 & -2\end{pmatrix}$　7. $\boldsymbol{X}=\begin{pmatrix}-4 & -7\\ -5 & 1\end{pmatrix}$　8. 0.6　9. 0.12　10. 0

三、计算题

11. $r(\boldsymbol{A})=3$　12. $\boldsymbol{A}^{-1}=\frac{1}{3}\begin{pmatrix}11 & -7 & 2\\ 1 & -2 & 1\\ 7 & -5 & 1\end{pmatrix}$　13. $\begin{cases}x_1=\frac{1}{7}(k_1+k_2+6)\\ x_2=\frac{1}{7}(5k_1-9k_2-5)\\ x_3=k_1\\ x_4=k_2\end{cases}$

14. 20　15. 0.7　16. 0.0561　17. (1) 0. 375　(2) 0. 536

18. 收敛　19. 收敛　20. $R=3$，$(-3,3)$

四、应用解答题

21. $(\boldsymbol{A}-\boldsymbol{E}^{-1})=\boldsymbol{B}-\boldsymbol{E}$　22. 0.0345

高职高等数学基础综合测试题(14)

一、单项选择题

1. B　2. D　3. D　4. D　5. B

二、填空题

6. $\boldsymbol{A}=\begin{pmatrix}2&3\\3&0\end{pmatrix}$　7. $\boldsymbol{X}=\begin{pmatrix}-2&-7\\2&3\end{pmatrix}$　8. 0.2　9. 0.7　10. ∞ 或不存在

三、计算题

11. $r(\boldsymbol{A})=3$　12. $\boldsymbol{A}^{-1}=\frac{1}{4}\begin{pmatrix}-3&3&1\\-4&0&4\\5&-1&-3\end{pmatrix}$　13. $\begin{cases}x_1=3\\x_2=2\\x_3=1\end{cases}$　14. -27　15. 0.5

16. (1)0.36　(2)0.48　(3)0.64　17. $EX=\frac{11}{8},DX=\frac{127}{64}$

18. 收敛　19. 收敛　20. $R=1$，$(-1,1]$

四、应用解答题

21. $\boldsymbol{X}=(\boldsymbol{A}-\boldsymbol{E})^{-1}\boldsymbol{B}=\begin{pmatrix}-\frac{5}{3}&-1&1\\-\frac{8}{3}&-1&-1\\-\frac{2}{3}&1&1\end{pmatrix}$　22. 0.8

高职高等数学基础综合测试题(15)

一、单项选择题

1. A　2. D　3. A　4. A　5. A

二、填空题

6. $\boldsymbol{A}^{-1}=\begin{pmatrix}0&\frac{1}{3}\\\frac{1}{3}&-\frac{2}{9}\end{pmatrix}$　7. $\boldsymbol{X}=\begin{pmatrix}5&4\\2&1\end{pmatrix}$　8. $A+B+C$　9. 0.5　10. 1

三、计算题

11. $r(\boldsymbol{A})=2$　12. $\boldsymbol{A}^{-1}=\begin{pmatrix}-\frac{3}{4}&\frac{3}{4}&\frac{1}{4}\\-1&0&1\\\frac{5}{4}&-\frac{1}{4}&-\frac{3}{4}\end{pmatrix}$　13. $\begin{cases}x_1=44k_1-10k_2\\x_2=-20k_1+5k_2\\x_3=-7k_1+2k_2\\x_4=k_1\\x_5=k_2\end{cases}$ (k_1,k_2 为任意常数)

14. $k=4$ 或 $k=-1$ 时　15. $\{x|4\leqslant x\leqslant 8\}$　16. 0.0345　17. (1)$\frac{1}{4}$　(2)$\frac{7}{12}$　(3)$\frac{3}{4}$

18. 收敛　19. 发散　20. $R=5$　$(-5,5)$

四、应用解答题

21. $\boldsymbol{X}=\begin{pmatrix}2&0&1\\0&3&0\\1&0&2\end{pmatrix}$　22. 0.869

高职高等数学基础综合测试题(16)

一、单项选择题

1. D　2. D　3. C　4. A　5. C

二、填空题

6. $\boldsymbol{A}^{-1}=\begin{pmatrix}\frac{1}{2} & 0 & 0\\ 0 & \frac{1}{3} & 0\\ 0 & 0 & \frac{1}{5}\end{pmatrix}$　7. 2　8. $\{x|4\leqslant x<6\}$　9. 0.48　10. $\lim\limits_{n\to\infty}u_n=0$

三、计算题

11. $r(\boldsymbol{A})=3$　12. $\boldsymbol{A}^{-1}=\frac{1}{11}\begin{pmatrix}-7 & 8 & 3\\ 1 & 2 & -2\\ 19 & -17 & -5\end{pmatrix}$　13. $\begin{cases}x_1=\frac{6}{7}+\frac{1}{7}k_1+\frac{1}{7}k_2\\ x_2=-\frac{5}{7}+\frac{5}{7}k_1-\frac{9}{7}k_2\\ x_3=k_1\\ x_4=k_2\end{cases}$ (k_1,k_2 为任意常数)

14. $k=4$ 或 $k=-1$ 时　15. 0.58　16. (1)0.4　(2)0.75　17. (1)$\frac{1}{4}$　(2)$\frac{7}{12}$　(3)$\frac{3}{4}$

18. 发散　19. 收敛　20. $R=1$　$(-1,1]$

四、应用解答题

21. $\boldsymbol{B}=\begin{pmatrix}0 & 2 & -3\\ 0 & 0 & 2\\ 0 & 0 & 0\end{pmatrix}$　22. $\frac{\pi(b+a)(b^2+a^2)}{24}$

高职高等数学基础综合测试题(17)

一、单项选择题

1. C　2. D　3. D　4. A　5. B

二、填空题

6. $\boldsymbol{A}^{-1}=\frac{1}{11}\begin{pmatrix}-7 & 8 & 3\\ 1 & 2 & -2\\ 19 & -17 & -5\end{pmatrix}$　7. -12　8. 0.4　9. $\overline{A}BC+\overline{A}B\overline{C}+AB\overline{C}$　10. $u_n\geqslant u_{n+1}$

三、计算题

11. $r(\boldsymbol{A})=3$　12. $\boldsymbol{A}^{-1}=\begin{pmatrix}\frac{5}{6} & \frac{5}{6} & -\frac{1}{2}\\ \frac{7}{6} & \frac{13}{6} & -\frac{3}{2}\\ -\frac{1}{2} & -\frac{1}{2} & \frac{1}{2}\end{pmatrix}$　13. 无解

14. $a=-1$ 时,无解;$a\neq3$ 且 $a\neq-1$ 时,有唯一解;$a=3$ 时,无穷解

15. 0.58　16. (1)0.4　(2)0.75　17. (1)$\frac{1}{4}$　(2)$\frac{7}{12}$　(3)$\frac{3}{4}$

18. 收敛　19. 发散　20. $R=1$　$(-1,1]$

四、应用解答题

21. $\boldsymbol{A}=\begin{pmatrix}1 & \frac{1}{2} & 0\\ -\frac{1}{3} & 1 & 0\\ 0 & 0 & 2\end{pmatrix}$

22. (1)

ξ	1	2	3
p	0.8	0.2×0.8	$(0.2)^2$

(2) $E\xi=1.24$

高职高等数学基础综合测试题(18)

一、单项选择题

1. B　2. C　3. D　4. D　5. D

二、填空题

6. -35　7. $\begin{pmatrix}-9 & -6\\ 5 & 0\end{pmatrix}$　8. $\{x\mid 4\leqslant x<6\}$　9. $p(x)=\begin{cases}\frac{1}{3}, & 1\leqslant x\leqslant 4\\ 0, & \text{其他}\end{cases}$　10. $\frac{1}{2}$

三、计算题

11. $\mathrm{r}(\boldsymbol{A})=2$　12. $\boldsymbol{A}^{-1}=\begin{pmatrix}1 & 3 & -2\\ -\frac{3}{2} & -3 & \frac{5}{2}\\ 1 & 1 & -1\end{pmatrix}$　13. $\begin{cases}x_1=\frac{5}{11}\\ x_2=3\\ x_3=\frac{64}{11}\end{cases}$

14. $\mu=5,\lambda\neq-3$ 时,无解;$\mu\neq5$ 时,有唯一解;$\mu=5,\lambda=-3$ 时,无穷解

15. 0.58　16. (1) 0.375　(2) 0.536　17. $EX=\frac{11}{8}$, $DX=\frac{127}{64}$

18. 发散　19. 收敛　20. $f(x)=1-(x-2)+(x-2)^2-(x-2)^3+\cdots$

四、应用解答题

21. $\boldsymbol{X}=\begin{pmatrix}5 & -3\\ 4 & -2\\ 3 & -3\end{pmatrix}$　22. $\frac{9}{64}$

高职高等数学基础综合测试题(19)

一、单项选择题

1. D　2. B　3. B　4. C　5. C

二、填空题

6. $\boldsymbol{ABA}^{\mathrm{T}}$　7. $\begin{pmatrix}6 & 12\\ 32 & 68\end{pmatrix}$　8. 0.12　9. $\neg,\wedge,\vee,\rightarrow,\leftrightarrow$

10. 边集为空集的图或仅由孤立结点组成的图

三、计算题

11. $\mathrm{r}(\boldsymbol{A})=3$　12. $\boldsymbol{A}^{-1}=\begin{pmatrix}1 & -4 & -3\\ 1 & -5 & -3\\ -1 & 6 & 4\end{pmatrix}$　13. $\begin{cases}x_1=-8\\ x_2=3\\ x_3=6\end{cases}$

14. $m=17,n\neq2$ 时,无解;$m\neq17$ 时,有唯一解;$m=17,n=2$ 时,无穷解

15. 0.4　16. (1)0.4　(2)0.75　17. 0.0345　18. 1

19. 设 $A(x)$：x 犯错误；$B(x)$：x 是人　有 $\neg(\exists x)(B(x)\wedge\neg A(x))$　　20. 9

四、应用解答题

21. $\lambda=1$ 或 $\lambda=-2$

22. A:1000　　F:0001

B:011　　G:101

C:010　　H:11

D:00000　　I:001

E:1001　　J:00001

高职高等数学基础综合测试题(20)

一、单项选择题

1. B　2. D　3. A　4. C　5. C

二、填空题

6. $\boldsymbol{ABA}^{\mathrm{T}}$　7. $\boldsymbol{X}=\begin{pmatrix}2&0&1\\0&3&0\\1&0&2\end{pmatrix}$　8. $A+B+C$　9. $\neg Q\rightarrow\neg P$ 或 $\neg P\vee Q$

10. 没有平行边也没有环的图

三、计算题

11. $\mathrm{r}(\boldsymbol{A})=2$　12. $\boldsymbol{A}^{-1}=\frac{1}{2}\begin{pmatrix}-1&-3&-5\\1&1&1\\0&2&2\end{pmatrix}$　13. 无解

14. $(\boldsymbol{AB})^{\mathrm{T}}=\begin{pmatrix}2&-2&4\\10&0&3\end{pmatrix}$，$\boldsymbol{B}^{\mathrm{T}}\boldsymbol{A}^{\mathrm{T}}=\begin{pmatrix}2&-2&4\\10&0&3\end{pmatrix}$

15. 0.58　16. 0.0561　17. (1)0.36　(2)0.48　(3)0.64

18. 1　19. 3　20. 9

四、应用解答题

21. $\boldsymbol{\eta}=\begin{pmatrix}-13\\5\\-14\\1\end{pmatrix}$

22. 提示：设 P:电脑死机;Q:电脑染毒;R:人员非法操作,有

$$P\rightarrow(Q\vee R),\neg Q\Rightarrow P\rightarrow R$$

高职高等数学基础综合测试题(21)

一、单项选择题

1. A　2. D　3. A　4. C　5. A

二、填空题

6. $\boldsymbol{C}^{-1}\boldsymbol{B}^{-1}\boldsymbol{A}^{-1}$　7. $\boldsymbol{A}^{-1}=\frac{1}{9}\begin{pmatrix}3&3&-3\\-8&1&5\\7&-2&-1\end{pmatrix}$　8. 0.5

9. $(P\wedge Q)\vee(P\wedge R)$　10. 关联同一个结点的边

三、计算题

11. $r(\boldsymbol{A})=3$　　12. $\boldsymbol{A}^{-1}=\frac{1}{3}\begin{pmatrix}1 & -4 & 10\\ -1 & 4 & -7\\ 1 & -1 & 1\end{pmatrix}$　　13. $\begin{cases}x_1=1\\ x_2=-k_1+1\\ x_3=2\\ x_4=k_1\end{cases}$ (k_1 为任意常数)

14. $\boldsymbol{AB}^{\mathrm{T}}=\begin{pmatrix}-12 & 13\\ 12 & 7\end{pmatrix}$　　15. 0.4

16. (1)0.4　(2)0.75

17. (1)$\frac{1}{4}$　(2)$\frac{7}{12}$　(3)$\frac{3}{4}$　　18. 1

19. 设 $A(x)$:x 是动物;$B(x)$:x 是人类的朋友;$C(x)$:x 是人类的食物,有

$$(\exists x)(A(x)\wedge B(x)\wedge C(x))$$

20. 3

四、应用解答题

21. $(\boldsymbol{A}-2\boldsymbol{E})^{-1}=\boldsymbol{A}+\boldsymbol{E}$

22. A:0100　E:001
B:10　F:011
C:0000　G:11
D:0101　H:0001

高职高等数学基础综合测试题(22)

一、单项选择题

1. C　2. A　3. A　4. C　5. D

二、填空题

6. $\boldsymbol{A}^{-1}=\frac{1}{3}\begin{pmatrix}11 & -7 & 2\\ 1 & -2 & 1\\ 7 & -5 & 1\end{pmatrix}$　　7. 0　　8. 0.48　　9. $\neg P\vee\neg Q$　　10. 1,0

三、计算题

11. $r(\boldsymbol{A})=3$　　12. $\boldsymbol{A}^{-1}=\begin{pmatrix}-\frac{3}{10} & -\frac{2}{5} & \frac{1}{2}\\ \frac{1}{10} & \frac{4}{5} & -\frac{1}{2}\\ \frac{3}{5} & -\frac{1}{5} & 0\end{pmatrix}$　　13. $\begin{cases}x_1=1\\ x_2=-k_1+1\\ x_3=2\\ x_4=k_1\end{cases}$ (k_1 为任意常数)

14. $\boldsymbol{A}+\boldsymbol{B}=\begin{pmatrix}5 & 4 & 10 & 4\\ 5 & 4 & 2 & 3\\ 7 & 10 & 2 & -4\end{pmatrix}$, $\boldsymbol{AB}^{\mathrm{T}}=\begin{pmatrix}29 & 24 & 12\\ 23 & -30 & 33\\ 31 & -39 & 27\end{pmatrix}$

15. 0.58　　16. (1) 0.375　(2) 0.536　　17. $EX=\frac{11}{8}$, $DX=\frac{127}{64}$

18. 设 P:张荣是计算机系学生;Q:张荣住 1 号公寓 305 室;R:张荣住 1 号公寓 306 室,有

$$P\wedge((Q\wedge\neg R)\vee(\neg Q\wedge R))$$

19. 6,6　20.

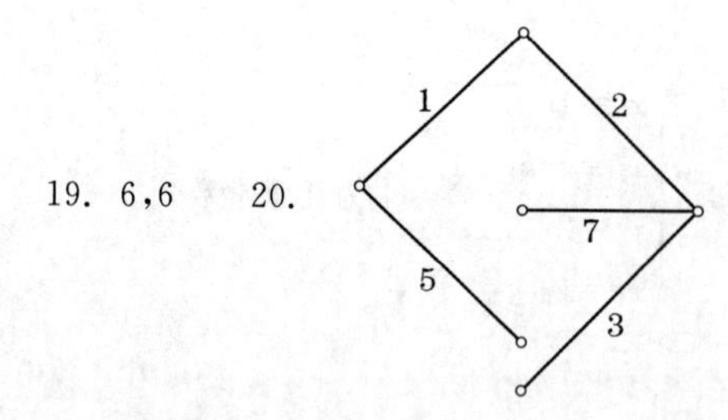

四、应用解答题

21. $\boldsymbol{B}=\begin{pmatrix}1 & -2 & 0\\ 1 & 0 & 0\\ 0 & 0 & 2\end{pmatrix}$

22. 证明：(1) $\neg E$ P；　(2) $D\rightarrow E$ P；　(3) $\neg D$ $T(1)(2)$；　(4) $\neg D\rightarrow C$ P；
(5) C $T(3)(4)$；　(6)$A\rightarrow\neg C$ P；　(7)$\neg A$ $T(5)(6)$；　(8) $A\vee B$ P；　(9) B $T(7)(8)$

高职高等数学基础综合测试题(23)

一、单项选择题

1. D　2. A　3. D　4. C　5. D

二、填空题

6. 2　7. 0　8. 0.4　9. $\neg,\wedge,\vee,\rightarrow,\leftrightarrow$　10. 2

三、计算题

11. $r(\boldsymbol{A})=4$　12. $\boldsymbol{A}^{-1}=\begin{pmatrix}-3 & 1 & 0\\ -17 & 5 & -1\\ 13 & -4 & 1\end{pmatrix}$　13. 无解

14. $\boldsymbol{X}=\frac{1}{3}\begin{pmatrix}-5 & -3 & 3\\ -8 & -3 & -3\\ -2 & 3 & 3\end{pmatrix}$　15. 0.48　16. 0.0561

17. (1)0.36　(2)0.48　(3)0.64　18. 1

19. 设 $A(x)$：x 是在中国工作的人；$B(x)$：x 是中国人，有

$$\neg(\forall x)(A(x)\rightarrow B(x))$$

20.

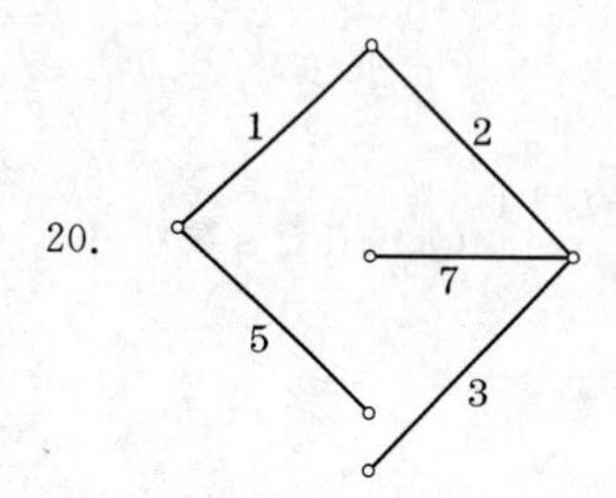

四、应用解答题

21. $\boldsymbol{X}=\begin{pmatrix}1 & 1\\ 0 & 1\\ 0 & 0\end{pmatrix}$　22. A:1000　F:0001
B:011　G:101
C:010　H:11
D:00000　I:001
E:1001　J:00001

高职高等数学基础综合测试题(24)

一、单项选择题

1. C　2. D　3. D　4. C　5. D

二、填空题

6. 0　7. 2　8. $\overline{A}\overline{B}C+\overline{A}B\overline{C}+A\overline{B}\overline{C}$　9. 真　10. 1,0

三、计算题

11. $r(\mathbf{A})=4$　12. $\mathbf{A}^{-1}=\begin{pmatrix}-3 & 1 & 0\\ -17 & 5 & -1\\ 13 & -4 & 1\end{pmatrix}$　13. $\begin{cases}x_1=5\\ x_2=0\\ x_3=3\end{cases}$

14. $r(\mathbf{A})=r(\mathbf{A}^{T})=3$

15. $AB=\{x|4\leqslant x\leqslant 8\}$　16. 0.0345　17. (1)$\frac{1}{4}$　(2)$\frac{7}{12}$　(3)$\frac{3}{4}$

18. $(\forall z)(P(z)\rightarrow R(z,y))\wedge Q(x,y)$　19. 3　20.

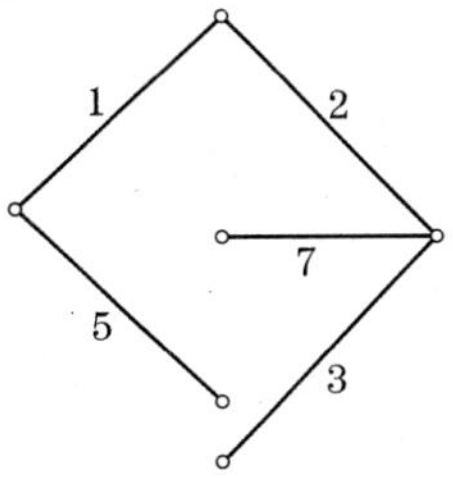

四、应用解答题

21. $\mathbf{X}=\begin{pmatrix}0 & \frac{1}{2}\\ 3 & 3\\ -1 & -\frac{5}{2}\end{pmatrix}$　22. F